Der erfolgreiche Verkaufsabschluss für Dummies - Schummelseite

Die Eigenschaften eines guten Verkäufers

- ✔ Seine Kleidung ist angemessen und dem Kunden und dem Umfeld, in dem er verkauft, angepasst.
- ✔ Er beherrscht die Grundregeln der Körpersprache: Er erkennt Desinteresse und Langeweile bei seinem Gegenüber und weiß, wie er Interesse und Aufmerksamkeit weckt. Er weckt Vertrauen und strahlt Offenheit und Selbstvertrauen aus.
- ✔ Er betreibt locker Konversation, passt sein Sprechtempo an den Kunden an und vermeidet kritische Themen.
- ✔ Er begegnet einem möglichen oder tatsächlichen Kunden höflich und bringt ihm ernsthaftes Interesse entgegen.
- ✔ Er ist bemüht, Informationen über den Kunden zu sammeln und seine Bedürfnisse und Vorstellungen zu verstehen. Er hört den Einwänden und Bedenken des Interessenten immer sorgfältig zu und stellt seine Bedürfnisse über seinen eigenen finanziellen Gewinn.
- ✔ Er hält Antworten auf die häufigsten Einwände parat.
- ✔ Er hält die Verbindung zu seinen Kunden aufrecht. Indem er regelmäßig zu ihnen Kontakt aufnimmt und sie über Neuigkeiten informiert, bindet er sie langfristig an sich.

W0346543

Ein paar Kniffe, die Ihnen beim Verkaufsabschluss helfen können:

- Zitieren Sie eine ähnliche Situation: Zeigen Sie, dass Sie schon Leuten geholfen haben, die in ähnlichen Situationen waren wie Ihr Kunde.
- Auf Wettbewerbsvorteile anspielen: Erklären Sie dem Kunden, welche Wettbewerbsvorteile er mit Ihrem Produkt oder Ihrer Dienstleistung erlangen wird.
- Berufen Sie sich auf eine Referenzperson: Eine Person, die mit Ihnen bereits zufrieden gewesen ist, kann Sie sicher gern weiterempfehlen.

Die größten Fehler beim Verkaufen

- Sie unterlassen es, die Abschlussfrage zu stellen: »Kommen wir ins Geschäft?«
- Sie erkennen den Zeitpunkt für den Abschluss nicht: Reden Sie nicht ausschweifend weiter, wenn Ihr Kunde schon zum Kauf bereit ist.
- Sie sind nicht aufrichtig und ehrlich: Wenn Sie Lügen erzählen, verletzen Sie das Vertrauen des Kunden.
- Sie reden zu viel und hören zu wenig zu: So finden Sie nie die Bedürfnisse Ihres Kunden heraus und können ihm die Vorteile Ihres Produkts nicht vermitteln.

Tom Hopkins

Der erfolgreiche Verkaufsabschluss für Dummies

Das Pocketbuch

Übersetzung aus dem Amerikanischen
von Reinhard Engel

WILEY-VCH

WILEY-VCH Verlag GmbH & Co. KGaA

Bibliografische Information der Deutschen Nationalbibliothek
Die Deutsche Nationalbibliothek verzeichnet diese Publikation in der Deutschen Nationalbibliografie; detaillierte bibliografische Daten sind im Internet über http://dnb.d-nb.de abrufbar.

1. Auflage 2009

© 2009 WILEY-VCH Verlag GmbH & Co. KGaA, Weinheim

Original English language edition Copyright © 2001 by Wiley Publishing, Inc., Indianapolis, Indiana.
All rights reserved including the right of reproduction in whole or in part in any form.
This translation published by arrangement with John Wiley and Sons, Inc.

Copyright der englischsprachigen Originalausgabe © 2001 by by Wiley Publishing, Inc., Indianapolis, Indiana.
Alle Rechte vorbehalten inklusive des Rechtes auf Reproduktion im Ganzen oder in Teilen und in jeglicher Form. Diese Übersetzung wird mit Genehmigung von John Wiley and Sons, Inc. publiziert.

Wiley, the Wiley logo, Für Dummies, the Dummies Man logo, and related trademarks and trade dress are trademarks or registered trademarks of John Wiley & Sons, Inc. and/or its affiliates, in the United States and other countries. Used by permission.

Wiley, die Bezeichnung »Für Dummies«, das Dummies-Mann-Logo und darauf bezogene Gestaltungen sind Marken oder eingetragene Marken von John Wiley & Sons, Inc., USA, Deutschland und in anderen Ländern.

Das vorliegende Werk wurde sorgfältig erarbeitet. Dennoch übernehmen Autoren und Verlag für die Richtigkeit von Angaben, Hinweisen und Ratschlägen sowie für eventuelle Druckfehler keine Haftung.

Mehr über das Verkaufen erfahren Sie in »Erfolgreich Verkaufen für Dummies«.

Printed in Germany
Gedruckt auf säurefreiem Papier

Korrektur Harriet Gehring, Köln
Satz Conrad und Lieselotte Neumann, München
Druck und Bindung AALEXX Buchproduktion GmbH, Großburgwedel

ISBN 978-3-527-70463-7

Inhaltsverzeichnis

Einführung

Verkauft wird überall; und viele Menschen (selbst wenn sie keine Profis sind) verkaufen in der einen oder anderen Form jeden Tag etwas. Haben Sie nicht auch schon einmal etwas verkauft und kennen Sie nicht typische Verkaufssituationen? Sie treffen einen potenziellen Käufer – während eines Geschäftstermins oder im Einzelhandel – und versuchen, Ihr Produkt oder Ihre Dienstleistung an den Kunden zu bringen. Der Kunde ist interessiert, zögert dann aber, bittet um Bedenkzeit und am Ende stehen Sie ohne Vertragsabschluss da. Wenn Sie das schon erlebt haben, haben Sie sich wahrscheinlich gefragt: Woran bin ich denn gescheitert?

Dieser Frage auf den Grund zu gehen, hilft Ihnen *Der erfolgreiche Verkaufsabschluss für Dummies*. Dieses Buch liefert Ihnen typische Alltagssituationen im Verkauf und vermittelt Ihnen Strategien und Handlungsvorschläge, die Sie zum Meisterverkäufer machen. Sie lernen Schritt für Schritt, wie Sie das Vertrauen des Kunden erlangen und wie Sie ihn für Ihr Produkt oder Ihre Dienstleistung gewinnen.

Törichte Annahmen über den Leser

Dieses Buch ist nicht nur für Verkäufer geschrieben, die auf ihrer Karriereleiter einige Sprossen höhersteigen möchten, sondern für jeden, der seine Verkaufstechniken verbessern will, um damit sein Leben zu verändern oder zu erleichtern.

Dieses Buch ist für Sie geeignet, wenn Sie:

- ✔ am Beginn einer Verkäuferkarriere stehen oder Sie einfach nur Ihre Fähigkeiten auffrischen wollen
- ✔ gerade arbeitslos und auf Jobsuche sind oder einen Job haben und dort weiterkommen wollen

- ✔ ein Teenager sind, der Erwachsene beeindrucken möchte, oder ein Erwachsener, der in Verhandlungen mehr Erfolg haben möchte
- ✔ eine Lehrkraft sind, die nach besseren Wegen sucht, den Lehrstoff an Schüler oder Studenten zu vermitteln
- ✔ als Elternteil einfach besser mit Ihren Kindern zurechtkommen wollen
- ✔ einfach nur Ihre persönlichen zwischenmenschlichen Beziehungen verbessern wollen

Anders ausgedrückt: Dieses Buch geht *jeden* an. Teilnehmer meiner Seminare haben mir oft davon erzählt, wie sie mit der ein oder anderen Verkaufsstrategie oder -technik in ihrer Familie eine wichtige Entscheidung durchgesetzt oder wie sie mit den Fragetechniken Ehepartner oder Kinder zu einer Entscheidung gebracht haben, die diese vorher weit von sich gewiesen hatten. Einige haben ihre erworbenen Fähigkeiten und Fertigkeiten auch dazu benutzt, bessere Jobs zu bekommen. Das durch die Schulung automatisch gestiegene Selbstvertrauen führte bei einigen Teilnehmern auch dazu, dass sie auf einmal besser behandelt oder bedient wurden, einfach weil sie es nun als selbstverständlich voraussetzten und verlangten. Und bei einigen liefen durch die neu erworbene Geschicklichkeit auch persönliche Beziehungen plötzlich viel besser.

Wie dieses Buch aufgebaut ist

Der erfolgreiche Verkaufsabschluss für Dummies besteht aus vier Teilen. Im folgenden Abschnitt gebe ich Ihnen einen kurzen Überblick über diese Teile, damit Sie das Buch gezielt Ihren Interessen entsprechend lesen können.

Teil I: Professionell auftreten und richtig verkaufen

Ihr Termin mit dem potenziellen Kunden steht, und es kommt auf Ihren Auftritt an. Lesen Sie, wie Sie einen professionellen ersten Eindruck hinterlassen, Ihr Produkt wirksam in Szene setzen und wie Sie den Kunden richtig einschätzen, um Ihre Verkaufsstrategie zu planen.

Teil II: Kundenbedenken zerstreuen

Die Einwände und Bedenken, die ein Kunde äußert, sind für Sie längst nicht das Zeichen, alle Segel zu streichen. Im Gegenteil: Rechnen Sie mit den Bedenken des Kunden, reagieren Sie professionell und lernen Sie, Bedenken gekonnt zu zerstreuen.

Teil III: Das Verkaufsgespräch positiv abschließen

Um auch die letzten Hürden vor einem erfolgreichen Verkaufsabschluss zu meistern, lesen Sie diese Kapitel. Lernen Sie den Verkaufsabschluss geschickt anzustoßen und werden Sie spielend mit dem letzten Zögern und den letzten Bedenken Ihres Kunden fertig.

Teil IV: Der Top-Ten-Teil

Dieser Teil zeigt Ihnen zuerst zehn Wege, wie Sie fast jeden Verkauf zum Abschluss bringen und offenbart Ihnen dann die zehn größten Verkaufsfehler. Die Tipps können Sie zwischendurch überall schnell lesen, wenn Sie einige Minuten Zeit haben. Sie eignen sich hervorragend als Einstimmung auf ein Treffen mit dem potenziellen Kunden und helfen Ihnen, sich zu motivieren und zu begeistern.

Symbole, die in diesem Buch verwendet werden

Dieses Symbol markiert ausgeklügelte Strategien und Tipps, die über das Grundwissen hinausgehen und aus Ihnen einen Spitzenverkäufer machen können.

Dieses Symbol markiert Techniken und Strategien, mit denen Sie dem Verkaufsabschluss einen Schritt näherkommen.

Dieses Symbol bedeutet entscheidende Informationen oder Fähigkeiten, die Sie für das Verkaufen kennen und beherrschen müssen. Wenn Sie dieses Symbol sehen, sollten Sie besonders aufmerksam sein. Sie finden einen wertvollen Verkaufstipp.

Einige Dinge sind so wichtig, dass Sie sie öfter wiederholen sollten. Dieses Symbol markiert wichtige Merksätze, die Sie in allen Verkaufssituationen beherzigen und sich langfristig einprägen sollten.

Dieses Symbol markiert Dinge, die Sie vermeiden sollten, und weist Sie auf häufige Fehler beim Verkaufen hin. Eine wichtige Aufgabe beim Verkaufen besteht einfach darin, Fehler zu eliminieren.

Teil I

Professionell auftreten und richtig verkaufen

»Achtung, es ist so weit. Ich glaube, sie fangen an, einzudösen.«

In diesem Teil ...

In diesem Teil erfahren Sie, worauf es ankommt, um schon bei der ersten Begegnung mit dem potenziellen Käufer zu punkten. Mit fünf Grundregeln erlernen Sie, Ihr Gegenüber richtig einzuschätzen, und mit dem ABC der wirkungsvollen Präsentation setzen Sie Ihr Produkt oder Ihre Dienstleistung souverän in Szene.

Der erste Eindruck 1

In diesem Kapitel

- ✔ Einfache Mittel für den perfekten ersten Eindruck
- ✔ Sieben Schritte, um den Kunden dazu zu bringen, Sie zu mögen
- ✔ Das Vertrauen des Kunden gewinnen

Ihr potenzieller Kunde fällt sein Urteil über andere innerhalb der ersten zehn Sekunden. Das ist eine Tatsache. Innerhalb der *ersten zehn Sekunden* entscheidet es sich, ob Sie Graf Dracula oder der schöne Prinz Eisenherz sind. Sie müssen ein System entwickeln, wie Sie Leute, die Sie zum ersten Mal sehen, innerhalb dieser Zeitspanne überzeugen können, dass es gut war, Sie getroffen zu haben. Sie müssen lernen, diese ersten zehn Sekunden so gut wie möglich zu nutzen, das Bestmögliche herauszuholen und genau den Eindruck zu machen, den Sie machen wollten, um dann locker und entspannt in Ihrer Verkaufsverhandlung fortfahren zu können.

Wenn Sie neu im Verkauf sind, müssen Sie darauf achten, nicht alles, was Sie wissen (oder zu wissen glauben), in die ersten zehn Sekunden zu packen. Stattdessen sollte diese Zeit locker und entspannt verlaufen. Sie helfen damit Ihrem potenziellen Kunden, sich zu entspannen, was immer einen guten Eindruck macht.

Kleider machen Leute

Bevor Sie zu einem Termin oder Besuch bei einem potenziellen Kunden gehen, sollten Sie sich sorgfältig überlegen, was Sie anziehen. Damit die Kunden Sie nett finden und umgekehrt, wie sollten Sie sich da anziehen? »Genauso wie die Kunden« wäre eine gute Antwort. Aber es gibt eine bessere Antwort: Ziehen Sie sich so an, wie die Leute angezogen sind, die Ihr potenzieller Kunde sonst um Rat fragt.

Bitte nicht übertreiben!

Natürlich gibt es Leute, die ihren Pastor um Rat fragen, darüber müssten Sie jetzt eingehender nachdenken. Manche gehen einfach zu ihrer Mama. Seien Sie vorsichtig mit der Wahl einer Kittelschürze oder Pantoffeln. Denken Sie daran: Sie sollten sich so wie die Personen kleiden, bei denen Ihre potenziellen Kunden geschäftlichen Rat suchen.

Benutzen Sie einfach Ihr gutes Urteilsvermögen und Ihren gesunden Menschenverstand, und Sie können nicht viel falsch machen. Wenn Sie Landwirtschaftsmaschinen verkaufen und im Nadelstreifen-Zweireiher eines Bankers auf einem Bauernhof erscheinen, wird es nicht viele Bauern geben, die sich in Ihrer Anwesenheit besonders wohlfühlen. Schließlich gab es schon Banker, die Bauern den Hof weggenommen haben. Das bedeutet aber nicht, dass Sie selbst in Gummistiefeln antreten sollten, sondern nur, dass Ihre Kleidung weniger formell sein kann – etwa Freizeithosen und ein nettes Hemd.

Wenn Sie andererseits einem Einkaufsleiter eines großen Unternehmens ein Produkt in Shorts und Birkenstock-Sandalen anbieten, wird auch das nicht den günstigsten Eindruck machen.

Wenn Sie noch neu im Geschäft sind, passen Sie einfach auf, was die anderen Verkäufer in Ihrer Firma anziehen, und richten Sie sich danach. Wenn in Ihrer Firma eine bestimmte Kleiderordnung gilt, hat das wahrscheinlich einen guten Grund. Wahrscheinlich ist man dort mit der Zeit darauf gekommen, was der Kunde sehen möchte. Halten Sie sich daran.

Wenn Sie in eine Situation kommen, in der Sie sich nicht sicher sind, oder die Firma keine Kleiderordnung hat, und Sie erscheinen beim Kunden in einem Outfit, das eleganter oder teurer als das ist, was der Kunde trägt, müssen Sie in den ersten paar Minuten Ihres Gesprächs versuchen, auf sein Niveau hinunterzukommen. Danach ist es zu spät.

Was sagt Ihre Körpersprache aus?

Sie kommunizieren nicht nur verbal, sondern auch nonverbal mit Ihren Kunden. Ihre Haltung, Ihr Gesichtsausdruck, Ihre Handbewegungen, die Tiefe Ihrer Stimme, die Häufigkeit, mit der Ihre Zunge immer wieder Ihre Lippen benetzt, während Sie sprechen ... all diese Punkte entscheiden auch über den ersten Eindruck.

Wenn Ihre normale Körpersprache nicht Vertrauen und Selbstvertrauen weckt, beobachten Sie jemanden, bei dem das der Fall ist, und verhalten Sie sich wie er. Nehmen Sie Ihre Schultern zurück (bequem, nicht wie Teilnehmerinnen eines

Bikini-Wettbewerbs!). Ihre Arme sollten locker herunterhängen (keine Hände in den Taschen!). Stellen Sie Augenkontakt zu den Menschen her, die Sie treffen, doch starren Sie sie nicht an, als wollten Sie ihre Kleidung begutachten. Lächeln Sie freundlich – sowohl mit dem Mund als auch mit den Augen. Mehr über Körpersprache erfahren Sie in *Körpersprache für Dummies* von Elizabeth Kuhnke und Hartmut Strahl (erschienen bei Wiley-VCH).

Achten Sie darauf, dass Ihre Stimme Selbstvertrauen ausdrückt. Wenn Sie beim Üben feststellen, dass Ihre Stimme zittert, üben Sie so lange, bis das Zittern verschwunden ist. Sollten Sie wirklich nervös sein, wenn Sie fremde Menschen treffen, atmen Sie einige Male tief durch, um sich zu beruhigen, bevor Sie den Raum betreten.

Wenn Sie wirklich gerne Menschen treffen, wird dies automatisch in Ihrer Körpersprache zum Ausdruck kommen.

Die Kunden dazu bringen, Sie zu mögen und Ihnen zu vertrauen

Wenn Sie Leute treffen, muss es Ihr oberstes Ziel sein, dass diese Leute sich in Ihrer Gesellschaft entspannen. Niemand lässt sich in einen Entscheidungsprozess hineinziehen, solange er aufgeregt oder angespannt ist. Sie möchten, dass die anderen Sie gut leiden können und Ihnen deswegen auch vertrauen, denn sonst werden sie mit Ihnen keine Geschäfte machen. Denken Sie immer daran: Ihr Ziel ist es, die Person zu sein, die man mag, der Leute vertrauen und der Leute gerne zuhören.

Sie müssen anderen ernsthaftes Interesse entgegenbringen. Ihr Gegenüber muss Ihnen die Ernsthaftigkeit Ihres Bestrebens anmerken, ihn gut genug kennenzulernen, um ihm dann helfen zu können. Wenn die andere Person den Eindruck hat, dass Sie offen und ehrlich sind, ein faires Spiel spielen und dass Ihre Worte wirklich von Herzen kommen, wird sie Ihnen viel schneller ihr Vertrauen schenken.

Wie also können Sie Ihren potenziellen Kunden dazu bringen, Sie zu mögen und Ihnen zu vertrauen? Sie müssen in den ersten zehn Sekunden fünf Schritte hinter sich bringen, um einen hervorragenden ersten Eindruck zu machen. Wenn Sie dies sorgfältig und richtig tun, werden Sie die Gelegenheit erhalten, Vertrauen aufzubauen und damit auch Ihre Fähigkeiten unter Beweis stellen zu können, und das ist erst einmal lebenswichtig.

Schritt 1: Lächeln Sie tief und breit

Lächeln Sie, bis Sie fast grinsen. Ein Lächeln strahlt Wärme aus. Wenn Sie nicht lächeln oder wenn Ihr Lächeln so aussieht, als hätten Sie Schmerzen, wird der andere mit Ihnen nicht viel zu tun haben wollen, und innerhalb von Sekunden wird eine Mauer des Misstrauens und der Ängste zwischen Ihnen und ihm stehen.

Immer schön lächeln – aber bitte natürlich

Langfristige Beziehungen beginnen in den ersten zehn Sekunden. Also lächeln Sie! Aber lächeln Sie angenehm. Sie möchten bestimmt nicht, dass Sie aussehen wie eine grinsende Hyäne.

Einige Menschen haben vergessen, wie man lächelt – sie tun es zu wenig. Stellen Sie sich zu nach Hause vor den Spiegel und üben eine halbe Stunde lang das »Lächeln«.

Schritt 2: Stellen Sie Blickkontakt her

Wenn Sie einen potenziellen Kunden treffen, schauen Sie ihm in die Augen. Das erweckt Vertrauen. Menschen trauen keinem, der ihnen nicht in die Augen sehen kann. Normalerweise ist es wirklich so, dass Leute an einem vorbeisehen, wenn sie lügen. Man muss schon ganz schön üben und sehr abgebrüht sein, wenn man es schaffen will, jemandem in die Augen zu sehen und ihn dabei zu belügen. Das ist dann das, was die Weltmeister unter den Schwindlern beherrschen.

Vermeiden Sie einen Starrwettbewerb

Jemandem in die Augen sehen, ist sehr wichtig. Aber Sie dürfen es natürlich auch nicht übertreiben und dem anderen konstant weiter tief in die Augen sehen. Auszuprobieren, wer wem nun länger in die Augen starren kann, ist ein Wettbewerb, der für Verkaufsverhandlungen eher gefährlich ist. Sehen Sie Ihrem Kunden ein paar Sekunden in die Augen und lächeln Sie dabei, und wahrscheinlich wird er dann derjenige sein, der zuerst zur Seite schauen wird.

Schritt 3: Begrüßen Sie ihn

Die Art und Weise Ihrer Begrüßung hängt von vielen Dingen ab. Sie hängt davon ab, ob Sie einen langjährigen Freund begrüßen, einen neuen Bekannten, einen völlig Fremden oder den Papst. Sie hängt auch von den äußeren Umständen ab, die bei der jeweiligen Begrüßung gegeben sind. Wenn Sie sich nicht ganz sicher sind, wählen Sie immer eine sehr formelle Begrüßung.

Abhängig von der jeweiligen Situation gibt es verschiedene Grußformen:

- ✔ Hallo
- ✔ Guten Tag
- ✔ Guten Tag, Herr Müller, wie geht es Ihnen?
- ✔ Guten Morgen/Guten Tag/Guten Abend
- ✔ Danke, dass Sie gekommen sind.
- ✔ Danke, dass Sie sich Zeit für mich nehmen.

Wenn Sie den Namen des anderen schon kennen, benutzen Sie ihn auch (»Guten Morgen, Herr Schmitz«). Wenn Sie ihn aber noch nicht kennen, versuchen Sie nicht, ihn mit Gewalt herauszubekommen. Manche Leute werten das als Druck, der auf sie ausgeübt wird. In einer Situation, in der Sie als Verkäufer auftreten, sollten Sie sich atypisch verhalten und zuerst ein bisschen Vertrauen aufkommen lassen, bevor Sie nach dem Namen fragen.

Schritt 4: Geben Sie ihm die Hand

Verkäufer sind bekannt dafür, dass sie ein unbändiges Verlangen haben, Hände zu schütteln. Deshalb werden die meisten Leute davon ausgehen, dass Sie ihnen die Hand geben wollen, wenn Sie sie treffen. Doch es gibt Leute, die eine Aversion gegen Händeschütteln haben. Um keine Verlegenheit aufkommen zu lassen, lassen Sie Ihren rechten Arm einfach locker seitlich hängen, und wenn Sie sehen, dass der andere seine

Hand nach Ihnen ausstreckt, können Sie sofort entsprechend reagieren. Wenn der andere dies nicht tut, haben Sie nicht den Fauxpas begangen, zu begierig zuzugreifen.

Jemandem die Hand zu schütteln, ist bei vielen Gelegenheiten völlig in Ordnung, aber nur, wenn Sie es richtig machen. Wenn Sie schon mal eine Hand geschüttelt haben, die sich angefühlt hat wie ein toter Fisch, wissen Sie, was ich meine. Und wenn Sie schon mal das Gefühl hatten, kein einziger Knochen in Ihrer Hand wäre mehr heil, können Sie mich auch verstehen.

Um das höchstmögliche Maß an Glaubwürdigkeit, Vertrauen und Kompetenz zu erreichen, müssen Sie die ganze Hand des anderen nehmen und kurz drücken – nicht zu fest, aber auch nicht zu lasch; wie gesagt: kurz. Es gibt nichts Unangenehmeres als jemanden, der die Hand eines anderen auch dann immer noch festhält, wenn der andere sie schon längst wieder zurückziehen möchte.

Schritt 5: Tauschen Sie Ihre Namen aus

Der Moment des Händeschüttelns ist der gegebene Zeitpunkt, die Namen auszutauschen. Je nach Situation sollten Sie die formelle Anrede »Guten Morgen, ich bin Hans-Dieter Knauf von der Firma Löwe & Co.« benutzen. Den Vornamen mitzunennen ist eine gute Strategie, um eine gewisse Vertrautheit herzustellen. Achten Sie jedoch darauf, dass Ihr Name verstanden wird. Nichts ist schwieriger, als einen potenziellen Kunden zu korrigieren, der Sie »Müller« nennt, wenn Sie »Mülheim« heißen. Außerdem möchten Sie sicher nicht, dass der neu gewonnene Kunde Sie mit falschem Namen weiterempfiehlt.

Eine gemeinsame Basis aufbauen

Wenn nun jeder den Namen des anderen kennt und genug gelächelt wurde, müssen Sie langsam dazu übergehen, eine ganz normale und entspannte Alltagssituation herzustellen. Tun Sie das, indem Sie gut beobachten.

Wenn Sie in Herrn Schmidt-Meiers Büro gekommen sind und festgestellt haben, dass überall Bilder von seiner Familie herumstehen, sollten Sie ihn nach seiner Familie fragen. Dabei brauchen Sie nicht auf Einzelheiten einzugehen. Sagen Sie einfach: »Eine nette Familie haben Sie da.« Lassen Sie ihn entscheiden, ob er Ihnen mehr darüber erzählen will. Wenn Sie irgendwelche Pokale entdecken, sollten Sie auch darauf eingehen. Können Sie erkennen, dass Sie beide leidenschaftliche Angler sind, dann sollten Sie den Angelsport auch zur Sprache bringen.

Ihrem Kunden zuerst Ihre normalen menschlichen Seiten zu zeigen, bevor Sie sich auf Ihre Tätigkeit als Verkäufer konzentrieren, hilft Ihnen, die natürliche Abwehrmauer seiner Ängste zu durchbrechen, die jeder Kunde aufbaut, wenn er einem Verkäufer gegenübersteht.

Vielleicht sind Sie an Herrn Schmidt-Meier durch einen gemeinsamen Bekannten gekommen. Diesen Bekannten sollten Sie erwähnen. Das ist eine gute Basis, um anzufangen. Der gute alte Heinz, Ihr gemeinsamer Bekannter, hat vielleicht viele außergewöhnliche Talente, eine großartige Familie oder er ist ein ausgesprochen witziger Mensch. Das alles sind Themen, die Sie ausschlachten können und die keinerlei Risiko für Kontroversen beinhalten.

Betreiben Sie locker, aber zielgerichtet Konversation

Es gibt Wege, diese entspannte Alltagssituation bei Leuten aufzubauen, bei denen Sie sich anfänglich nicht so ganz wohlfühlen. Lassen Sie es nicht zu, dass der Aufbau von Vertrauen und Glaubwürdigkeit zu viel Mühe kostet. Wenn alles nicht funktioniert, bringen Sie etwas aus der Tagespresse ins Gespräch.

Achten Sie aber darauf, dass es sich dabei um ein Ereignis handelt, das keine Kontroversen aufwerfen kann. Erwähnen Sie um Gottes willen nicht das Wetter. Wenn Sie damit anfangen, wie heiß oder wie kalt es heute einmal wieder ist, merkt der andere sofort, dass Sie krampfhaft nach einem Gesprächsthema suchen oder dass Sie nervös sind.

Eine andere gute Taktik ist auch die, jemandem ein ehrliches Kompliment zu machen. »Ehrlich« ist das wichtige Wort hierbei. Ehrlichkeit öffnet Ihnen alle Türen, unehrliche Schmeichelei bewirkt das Gegenteil. Ein Kompliment in der Art: »Also, Herr Schmidt-Meier, jeder sagt ja, dass Sie aussehen wie Brad Pitt, und ich muss sagen, es stimmt«, kann nicht als ehrlich gelten.

Wenn Sie auf einem Gebiet arbeiten, in dem Sie viele Präsentationen bei Ihren Kunden zu Hause durchführen und die Leute, bei denen Sie gerade sind, ein hübsches Haus haben, sagen Sie:

Ich komme ja sehr viel in anderen Häusern herum, aber ich muss Ihnen sagen, dass Sie wirklich ein wunderschönes Haus haben. Darauf sollten Sie stolz sein.

Vermeiden Sie Kontroversen

Passen Sie auf, dass Ihr Kunde Sie nicht in ein Gespräch über ein kontroverses Thema verwickelt. Manche Leute tun das, um den anderen zu testen. Vermeiden Sie besonders Themen, die mit Politik oder Religion zu tun haben.

Hier ein Tipp, wie Sie solche Klippen, die Sie auf einen falschen Weg bringen könnten, umgehen können:

Ich habe mit meinen Kunden so irrsinnig viel zu tun, dass ich gar nicht dazu komme, mich näher mit diesem Thema zu beschäftigen. Was denken Sie denn darüber?

Indem Sie »den Ball zurückwerfen«, haben Sie der Sache die Spitze genommen und darüber hinaus noch auf Ihre Fähigkeiten als Verkäufer hingewiesen. Wenn der andere dann eine bestimmte, fest gefasste Meinung zum Besten gibt, wissen Sie, wie Sie in Zukunft bei ihm dieses Thema oder entsprechende Kontroversen vermeiden können. Oder aber Sie können auf dieses Thema näher eingehen, wenn der Kunde wirklich so viel Wert darauf legt, damit Sie ihn schneller und besser kennenlernen können, noch bevor Sie eine langjährige Geschäftsbeziehung zu ihm aufgebaut haben.

Passen Sie die Sprechgeschwindigkeit an den Kunden an

Die Zeit zu investieren, sich darüber klar zu werden, wie schnell oder langsam Sie sprechen, ist wichtig, und der nächste Schritt muss sein, darauf zu achten, welchen Sprachrhythmus und welche Redegeschwindigkeit Ihr Gegenüber an den Tag legt und sich entsprechend darauf einzustellen. Wenn Sie das einmal verinnerlicht haben, geht es ganz automatisch.

Wenn Sie sich einmal darüber klar sind, mit welcher Geschwindigkeit Sie sprechen, müssen Sie jetzt noch wissen, was das für Sie heißt. Wenn derjenige, den Sie überzeugen wollen, schneller als Sie spricht, müssen auch Sie anfangen, schneller zu sprechen, damit Sie seine Aufmerksamkeit fesseln können.

Wenn der andere aber viel langsamer spricht, müssen Sie auch langsamer sprechen oder mehr Pausen zwischen Ihren Ausführungen einlegen. Jeder gravierende Unterschied zwischen Ihnen und Ihrem Kunden kann für das Geschäft tödlich sein. Sie können Ihre Kunden sowohl verlieren, wenn Sie wie ein professioneller Auktionator durch Ihr Gespräch rasen, als auch, wenn Sie im Schneckentempo sprechen. Versuchen Sie, Ihre Sprechgeschwindigkeit an die des Kunden anzupassen.

Manches ist einfach tabu

Benutzen Sie niemals, egal in welchem Geschäftszweig und bei welchem Kundenkontakt auch immer, Mundartausdrücke, und fluchen Sie nicht. Es ist dabei unwichtig, dass man solche Dinge ständig im Fernsehen hört; sie haben in der Geschäftswelt nichts zu suchen. Das Gleiche gilt für Witze über Politik oder Sex. Seien Sie feinfühlig den Werten, dem Glauben oder der Moral desjenigen gegenüber, der vor Ihnen sitzt oder steht.

Verkaufen im Einzelhandel

Das Verkaufen im Einzelhandel unterscheidet sich nicht wesentlich vom Verkaufen in anderen Umgebungen. Verkäufer im Einzelhandel würden besser daran tun, wenn sie erst einmal Vertrauen und Sympathie zum Kunden aufbauen würden, statt sie sofort mit dem Satz zu überfallen: »Kann ich Ihnen helfen?« In 99,9 Prozent der Fälle werden die Kunden antworten: »Nein, danke. Ich wollte mich nur mal umsehen.«

Denken Sie daran, wie es Ihnen geht, wenn Sie in ein Geschäft kommen, und ein Verkäufer stürzt übereifrig auf Sie zu. Das möchten Sie doch Ihren Kunden nicht antun, oder?

Versuchen Sie stattdessen, den Kunden das Gefühl zu geben, dass Sie zur Verfügung stehen, wenn Sie gebraucht werden oder sich eine Frage ergibt. Dann lassen Sie sie in Ruhe, damit sie sich umschauen können.

- ✔ Wenn Leute in Ihr Geschäft kommen, gehen Sie zuerst einmal nie direkt auf sie zu.
- ✔ Wenn Sie auf sie zugehen, rennen Sie nicht.

Wenn Sie von den Kunden weggehen, anstatt ihnen ständig »auf den Fersen zu bleiben«, unterscheiden Sie sich damit von den 08/15-Verkäufern, die den Kunden sonst begegnen, und auf die meisten Kunden macht das einen sehr positiven Eindruck. Wenn Sie den Kunden alleine lassen, wird er auf die Dinge zugehen, die ihn interessieren und die er haben möchte; so können Sie aus einem »sicheren Abstand« feststellen, weswegen er in Ihr Geschäft gekommen ist. Erst wenn der Kunde vor irgendeinem Regal oder Produkt stehen bleibt, sollten Sie ein bisschen nähergehen, um eventuell auftretende Fragen beantworten zu können; aber rücken Sie dem Kunden trotzdem nicht zu nah »auf die Pelle«, sondern nur so nah, dass Sie von ihm gesehen werden, sollte er eine Frage haben.

Was soll man sagen statt »Kann ich Ihnen helfen?«

Versuchen Sie es so:

Guten Tag. Schön, dass Sie gekommen sind. Ich arbeite hier. Wenn Sie Fragen haben, stehe ich zu Ihrer Verfügung.

Was bewirkt diese Phrase? Sie wirkt wie eine freundliche Begrüßung, aber nicht übertrieben. Sie haben die Kunden aufgefordert, sich zu entspannen, und wenn Menschen entspannt sind, sind sie Entscheidungen gegenüber aufgeschlossener.

Eine andere Grußformel ist diese:

Guten Tag und herzlich willkommen bei Elektro-Lux. Schön, dass Sie heute vorbeikommen konnten. Schauen Sie sich in aller Ruhe um. Mein Name ist Lange, und wenn Sie irgendwelche Fragen haben, stehe ich gerne zu Ihrer Verfügung.

Machen Sie dann eine kleine Pause, um zu sehen, ob die Kunden bereits eine Frage stellen wollen. Wenn nicht, gehen Sie beiseite.

Was will der Kunde? 2

In diesem Kapitel

- Vorurteile über Ihre Interessenten zu Hause lassen
- Die Bedürfnisse des Interessenten durch die richtigen Fragen erkennen

Sie haben Ihren potenziellen Kunden kennengelernt, ihn neugierig gemacht und wollen Ihr Produkt, Ihre Dienstleistung anpreisen. Sie müssen aber jetzt erst einmal herausbekommen, ob dieser Kunde das, was Sie anbieten, wirklich braucht und ob er überhaupt in der Lage ist, sich dafür zu entscheiden.

Welche Umstände könnten jemanden daran hindern, Zusagen zu machen? Handelt es sich um die Finanzen, muss der Kunde über Geld auf der Bank oder Werte verfügen, die beliehen werden können. Wenn es etwas Persönliches ist, muss er sich vielleicht erst mit jemandem beraten, zum Beispiel dem Ehepartner. Diese Umstände müssen Sie kennen, *bevor* Sie Ihre Präsentation anfangen und versuchen, ihn als Kunden zu gewinnen.

Nicht Hals über Kopf eine Präsentation beginnen

Einer der größten Fehler, den Sie machen können, wenn Sie Leute überzeugen wollen, ist der, in eine groß angelegte Präsentation einzusteigen, bevor Sie wissen, ob derjenige, der Ihnen zuhört, auch derjenige sein wird, der die Entscheidung treffen kann oder braucht, was Sie anbieten. Es gibt nichts Ärgerlicheres, als in lange Gespräche verwickelt zu werden, die sinnlos sind und die nur Zeit stehlen.

Grundlagen der Kundeneinschätzung

Heute lässt der durchschnittliche Verkäufer seinen Kunden entweder einfach selbst entscheiden, was er will, oder aber er versucht mit Macht, ihm das aufzuschwatzen, was er, der Verkäufer, für das Beste hält. Beide Vorgehensweisen sind falsch. Versuche, den Kunden zu manipulieren, verraten sich durch typische Formulierungen. Einige Beispiele:

- ✔ Ich weiß einfach, was Sie suchen.
- ✔ Das finde ich am besten.
- ✔ Ich habe das Beste für Sie.
- ✔ Wir führen die besten Produkte.
- ✔ Dieses Modell sieht besonders schön in Rot aus.

Um Ihnen das Risiko zu ersparen, alles zu vermasseln, wenn Sie eine der beiden oben genannten Vorgehensweisen an den Tag legen, habe ich Ihnen eine »Eselsbrücke« gebaut, die Ihnen helfen soll, die Schlüsselfragen zur Kundeneinschätzung im Kopf zu behalten: Jeder Buchstabe des Wortes »JUWEL« steht für eine Frage, die Sie Ihren potenziellen Kunden stellen sollten, um ihre Bedürfnisse herauszufinden.

Der Erfolg Ihres Unternehmens könnte wachsen, wenn Sie nur jeden einzelnen Mitarbeiter dazu motivieren könnten, sich immer, wenn er vor einem Kunden steht, vorzubeten: »Ich mache aus jedem Interessenten ein JUWEL in der Krone meines Erfolgs, indem ich herausfinde, was er wirklich braucht, und ihn an das richtige Produkt oder die richtige Dienstleistung heranführe.« Einen Kunden als JUWEL in die Erfolgskrone einzufügen, bedeutet, einen Verkauf mehr abzuschließen.

Was springt dabei für mich heraus?

Eine altbekannte Lektion für angehende Verkäufer besteht aus einer einzigen Frage: Wie heißt der beliebteste Radiosender? Die Antwort lautet immer: WHID. Die Buchstaben stehen für: »Was habe ich davon?«

Menschen haben eine WHID-Mentalität, ob sie es sich nun eingestehen oder nicht. Menschen sind auf den eigenen Vorteil bedacht. Erinnern Sie sich an eine Situation, in der Sie etwas für jemand anderen getan haben, ohne *irgendetwas* als Gegenleistung zu erwarten – kein Dankeschön, keine Loyalität, keine Versprechungen auf eine künftige Revanche? Die meisten sind nur dann motiviert, etwas für andere zu tun, wenn sie eine entsprechende Gegenleistung erwarten dürfen. Diese muss nicht aus Geld bestehen, aber Menschen erwarten *immer* eine Gegenleistung – selbst wenn diese aus einer Umarmung, einem Kuss, einer Anerkennung besteht.

Und dieselbe Philosophie bestimmt auch Ihre Kontakte zu Ihrem Kunden. Er sieht Sie als jemanden, der ein bestimmtes Unbehagen aus seinem Leben beseitigen kann. Er erwartet von Ihnen einen Kunden*dienst*. Sie nehmen mit einem Kunden nur aus einem Grund Kontakt auf: seinen Bedürfnissen zu dienen, egal ob Sie zu diesem Zweck ein Produkt liefern, einen Service leisten oder Informationen weitergeben.

»J« steht für »jetzt«

Das *J* in JUWEL steht für »jetzt«. Welches Produkt nutzt der Kunde jetzt? Warum soll man das fragen? Wenn Sie wissen, was die Leute bis heute gekauft haben, haben Sie eine gute Vorstellung davon, mit wem Sie es zu tun haben und was sie in Zukunft kaufen wollen.

Wenn Erfahrungen der Vergangenheit Entscheidungen der Zukunft beeinflussen – und das tun sie ohne Zweifel –, müssen Sie also etwas über die bisherigen Erfahrungen des Kunden mit seinen Produkten wissen. Sie müssen wissen, was er heute besitzt und benutzt, damit Sie vor Ihrem geistigen Auge ein klares Bild davon bekommen, was er in der Zukunft kaufen wird.

Der Mensch liebt, was er kennt

Zeigen Sie mir Ihr Auto, Ihr Haus, Ihre Kleidung oder Ihren Schmuck, und ich werde Ihnen sagen können, wie die Nachfolgeprodukte dieser Artikel wahrscheinlich aussehen werden. Das hat jetzt nichts mit Vorurteilen zu tun: Menschen sind »Gewohnheitstiere« und neigen nicht dazu, plötzlich ihr Leben drastisch zu ändern.

»U« steht für »unbändige Freude«

Der zweite Buchstabe von JUWEL ist *U*. Es steht in meinem Fall hier für »unbändige Freude«. Sie ist die kindliche Freude, die wir spontan empfinden, wenn wir uns mit Dingen befassen, die uns begeistern. Sie müssen herausbekommen, was den Kunden an seinen jetzigen Produkten begeistert. Was war für ihn das ausschlaggebende Motiv, das Produkt zu kaufen oder diese bestimmte Dienstleistung in Anspruch zu nehmen?

Um dies herauszufinden, müssen Sie Ihre Fragen so stellen, dass Sie dadurch etwas aus der Vergangenheit des Kunden erfahren. Es kann gut sein, dass die Dinge, die ihn in der Vergangenheit begeistert haben oder ihn heute begeistern, auch in Zukunft seinen Enthusiasmus wecken werden. Um diese Tatsache kommt man nicht herum, es sei denn, Sie können den Kunden davon überzeugen, dass das, was Sie ihm anbieten, große Vorteile gegenüber dem hat, was er bisher immer gekauft und benutzt hat.

»W« steht für »Wandel«

Das *W* in JUWEL steht für »Wandel«. Was würde der Kunde an dem verändern oder verbessern wollen, was er zurzeit benutzt?

Wandel und Veränderungen sind im Geschäftsleben allgegenwärtig, und auf die ein oder andere Weise streben wir unaufhörlich nach einem Wandel – mehr Vorteile, mehr Zufriedenheit, mehr Ruhe, mehr Einkommen.

Ihr Bedürfnis als Verkäufer, die Bedingungen eines Menschen, unter denen er momentan lebt, verbessern zu wollen, ist der Grund, warum Sie diese Fragen stellen müssen. Denn Sie müssen zuerst einmal herausfinden, was der Kunde vielleicht verändern möchte. Wo liegen seine Änderungswünsche? Wenn Sie einmal die Antwort auf diese Frage kennen, können Sie Ihre Präsentation so aufbauen, dass Sie ihm zeigen, wie genau Ihre Firma diese Veränderungen bewerkstelligen kann.

»E« steht für »Entscheider«

Das *E* in JUWEL steht für »Entscheidungsträger«. Sie müssen herausfinden, wer letztlich die Entscheidung über den Kauf trifft.

Oft treffen wir Verkäufer auf jemanden, der ein neues Auto, eine Stereoanlage oder ein Möbelstück sucht, und wir treffen nur diese eine Person. Wäre es klug, daraus sofort zu schließen, dass diese Person auch automatisch diejenige sein wird, die letztlich die Entscheidung für oder gegen den Kauf trifft? Nein.

Gehen Sie bei Ihren Kunden niemals nur von vagen Annahmen aus. Es kann sein, dass derjenige, den Sie vor sich sehen, nur so herumschaut und sich orientieren will und dass er später den Ehepartner oder die Eltern mitbringt, wenn der Zeitpunkt für eine Entscheidung gekommen ist.

Also stellen Sie folgende Qualifizierungsfragen, um herauszufinden, ob Sie mit dem Entscheider sprechen. Hier sind einige Beispiele:

- ✔ Werden Sie das Auto alleine fahren?
- ✔ Wer ist außer Ihnen noch an der Entscheidung beteiligt?
- ✔ Gibt es jemanden, den Sie normalerweise um Rat fragen, wenn Sie derartige Entscheidungen treffen?

Sicher haben Sie die Standardantwort auf diese Fragen schon oft gehört: »Ich muss noch mit meinem Mann/meiner Frau/meinen Eltern/meinem Freund darüber sprechen.« Oft geht der normale Verkäufer, der sich bei der Einschätzung des Kunden nicht viel

Mühe gemacht hat, mit seiner Präsentation dann viel zu weit, ohne sich darüber klar zu sein, dass derjenige, der wirklich die Entscheidung treffen könnte, gar nicht anwesend ist.

Nicht nur den Entscheider umgarnen

Sie müssen jedem Interessenten mit der gleichen Begeisterung begegnen. Selbst wenn er nicht der Entscheider ist, kann er ihn möglicherweise beeinflussen und Ihre Sache vertreten.

»L« steht für »Lösungen«

Das *L* in JUWEL steht für »Lösungen«. Als Verkäufer ist es Ihre Aufgabe, Lösungen anzubieten. Sie finden heraus, was Kunden brauchen, und präsentieren ihnen eine Lösung. In den meisten Fällen heißt die Lösung, dass diese Kunden die Vorteile und Verbesserungen in Bezug auf das Produkt oder die Dienstleistung kaufen.

Ich rate zu einer beiläufig klingenden, aber sehr effizienten Eingangsbemerkung:

Als Repräsentant von [der Name Ihrer Firma] ist es meine Aufgabe, Ihre Bedürfnisse und Wünsche zu analysieren und mein Bestes zu geben, herauszufinden, wie wir sie befriedigen können, damit Sie die Vorteile nutzen können, die Sie suchen.

Sie dienen dem Kunden, indem Sie herausfinden, was er braucht, um dann die für ihn beste Lösung finden. Wenn Sie das tun, schaffen Sie eine Win-win-

Situation, in der andere mit Ihrer Firma Geschäfte machen wollen, um dafür die Produkte und Dienstleistungen zu erhalten, die sie brauchen. Die Kunden bringen Ihnen Umsatz, und beide Parteien profitieren davon.

Wiederholungsfragen vermeiden

Um sich selbst unnötige Wiederholungsfragen zu ersparen, machen Sie sich bitte Notizen über die Antworten des Kunden während der Einschätzungsphase. Es ist ganz richtig, sich dann später auf diese Notizen zu beziehen, um sich wieder daran zu erinnern, welche Fragen Sie schon gestellt haben und was der Kunde über seine Bedürfnisse gesagt hat. Unbewusst die gleichen Fragen zweimal oder mehrmals zu stellen, wird beim Kunden nicht gerade Vertrauen in Sie und Ihr Produkt erwecken.

Mit Fragen zum Erfolg

Zur Einschätzung potenzieller Kunden gehört es, die richtigen Fragen zu stellen. Doch richtig zu fragen, ist eine Technik, die den gesamten Verkaufszyklus durchzieht. Deshalb sollten Sie diese Strategien auch bei Ihrer Präsentation, der Behandlung von Einwänden und dem Abschluss verwenden.

Warum sollten Sie Ihrem potenziellen Kunden Fragen stellen? Sie können mit Fragen eine wichtige Aussage des Interessenten unterstreichen und ihn sogar zu einer Kaufentscheidung führen. Sagt Ihnen der potenzielle Kunde zum Beispiel, dass der Spritverbrauch für ihn beim Kauf eines neuen Autos sehr wichtig wäre, sollten Sie etwa folgende Frage in Ihre Zusammenfassung der Gründe einflechten, die für den Kauf sprechen:

> *Sagten Sie nicht, dass ein sparsamer Spritverbrauch Ihr Hauptanliegen wäre?*

Eine derartige Frage setzt das *Ja*-Moment in Bewegung, das Sie brauchen, um Zustimmung zu erhalten und zum Abschluss zu kommen. Dieses *Ja*-Moment ist etwas, das jeder Verkäufer in Gang setzen möchte. Nachdem Sie Ihren potenziellen Kunden so weit haben, dass er zustimmt, stellen Sie einfach nacheinander die richtigen Fragen, und er folgt Ihnen, wohin Sie ihn leiten. Außerdem wird er am Ende über genügend Informationen verfügen, um eine kluge Entscheidung zu treffen, die hoffentlich so aussieht, dass er meint, nicht mehr ohne Ihr Produkt oder Ihre Dienstleistung auszukommen.

Die Festlegungsfrage

Eine der beliebtesten Fragetechniken ist die sogenannte *Festlegungstechnik*. *Festlegung* bedeutet: Sie machen eine Aussage und fragen dann nach einer Bestätigung, indem Sie kurze Fragewörter an das Ende Ihres Satzes stellen. So bringen Sie Ihren potenziellen Kunden dazu, Ihnen zuzustimmen und sich auf die geäußerte Tatsache festzulegen. Die wirkungsvollsten Formulierungen sind:

- ✔ **..., finden Sie nicht?** Beispiel: »Heute ist ein herrlicher Tag zum Golfspielen, *finden Sie nicht?*« Wenn Ihr Partner der gleichen Meinung ist, verabreden Sie sich umgehend.

- **..., oder?** Beispiel: »Es wäre doch eine tolle Idee, am nächsten Wochenende Wasserski laufen zu gehen, *oder?*« Wenn der andere auch so denkt, rufen Sie den Verleih an und mieten ein Boot.
- **..., nicht wahr?** Beispiel: »Der vorherige Eigentümer hat mit viel Liebe zum Detail den Garten gestaltet, *nicht wahr?*« Wenn der potenzielle neue Hauseigentümer zustimmt, dass ihm die Gartenlandschaft gefällt, ist er seiner Zustimmung zu dem gesamten Paket, das Haus eingeschlossen, einen Schritt nähergekommen.
- **..., oder meinen Sie nicht?** Beispiel: »Kinderspielplätze sollten immer peinlich sauber gehalten werden, *oder meinen Sie nicht?*« Wenn der andere zustimmt, sprechen Sie ihn sofort darauf an, ob er nicht für eine Stunde mit Ihnen zusammen auf dem benachbarten Kinderspielplatz sauber machen möchte.

Das Ziel der Festlegungstechnik besteht darin, Ihren potenziellen Kunden dazu zu bringen, dem Detail oder der Tatsache zuzustimmen, die Sie gerade zum Ausdruck gebracht haben. Solange er Ihnen zustimmt, können Sie zuversichtlich alle Dinge vorbringen, auf die Sie eine Festlegung erreichen wollen.

Professionelle Verkäufer benutzen oft eine Festlegungsfrage folgender Art:

> *Der Ruf, einen pünktlichen und professionellen Service zu bieten, ist doch sehr wichtig, nicht wahr?*

Wer könnte darauf »Nein« sagen? Der Verkäufer, der diese Frage gestellt hat, hat damit den Grundstein für eine Serie von positiven Antworten seitens des Kunden gelegt, der hoffentlich dann allen weiteren Aussagen bis zum Abschluss ebenfalls zustimmen wird.

Die Alternativfrage

Sie haben alternative Fragestellungen bestimmt schon unzählige Male gehört, aber nicht als eine Verkaufsstrategie erkannt. Sie bedeutet, dass Ihnen zwei *akzeptable* Alternativen zur Wahl angeboten werden. Sie wird häufig bei Terminabsprachen oder Lieferterminen angewendet. Hier einige Beispiele:

- ✔ **»Ich könnte mich am Donnerstag um 15.00 Uhr oder am Freitag um 11.00 Uhr mit Ihnen treffen.«** Egal, wofür Sie sich jetzt entscheiden: Sie haben nun eine Verabredung.
- ✔ **»Wir könnten Ihnen die Ware am Montag um 9.00 Uhr morgens liefern, oder wäre Ihnen 14.00 Uhr nachmittags lieber?«** Egal, welchen Liefertermin Ihr Interessent wählt, er lässt sich auf jeden Fall beliefern.
- ✔ **»Dieses Produkt gibt es in 10-Liter-Containern oder 30-Liter-Containern. Welchen hätten Sie lieber?**« Egal, welchen Container Ihr Interessent wählt, er entscheidet sich auf jeden Fall für Ihr Produkt.

Sie können diese Technik auch anwenden, um ein Gespräch in bestimmte Bahnen zu lenken oder auf gewisse Themen zu beschränken.

Die Als-ob-Frage

Eine weitere Fragetechnik ist die sogenannte *Als-ob-Frage*. Dabei benutzen Sie eine Frage, um Ihrem Gesprächspartner zu helfen, sich selbst *nach* seiner Entscheidung für Ihr Angebot so zu sehen, *als ob* er bereits Eigentümer wäre.

Wenn Sie Büroausstattungen verkaufen, können Sie Ihren Interessenten folgendermaßen einbeziehen:

> *Wer wird unser Ansprechpartner sein, den wir in der Bedienung dieser Büromaschine schulen müssen?*

Wollen Sie jemanden zu einem Geschäft mit Ihnen einladen, können Sie etwa folgende Frage stellen:

> *Was werden Sie und Ihre Gattin mit dem zusätzlichen Einkommen machen, das Sie laut unserem Geschäftsplan erzielen werden?*

Spielen Sie den Weihnachtsmann

Denkt Ihr Zuhörer daran, ob er mit Ihnen ins Geschäft kommen soll? Nein. Er stellt sich nur vor, wie er das Geld ausgibt, das er verdienen wird, *nachdem* er Ihr Geschäftspartner geworden ist. Wenn das, wofür er das Geld verwenden will, etwas ist, was er sich schon immer gewünscht hat, stehen die Chancen gut, dass er das Gefühl hat, Ihr Geschäftspartner werden zu *müssen*, um sich seine lang gehegten, aber scheinbar unerreichbaren Wünsche schließlich doch zu erfüllen. Sind Sie für ihn nicht eine Art Weihnachtsmann mit genau dem richtigen Geschenk im Sack?

Richtig präsentieren 3

In diesem Kapitel

- Interessenten emotional an Ihrem Angebot beteiligen
- Das Produkt in den Mittelpunkt stellen
- Visuelle Hilfsmittel nutzen

Das ist jetzt Ihr großer Auftritt. Das ist der Punkt, an dem Sie Ihre potenziellen Kunden in den Griff bekommen sollten, und der Moment, für den große Unternehmen Hunderte und Tausende von Euro für Grafiken, Modelle und Musteranfertigungen ausgeben.

Präsentationen können so etwas Einfaches sein wie die Versendung von Broschüren mit kurzen Erklärungen oder aber auch so vielschichtig wie eine groß aufgezogene Verkaufsvorführung mit den obligatorischen Häppchen, Alleinunterhalter-Auftritten, Musikuntermalung oder Feuerwerk.

Wie Sie nun diesen großen Moment gestalten, hängt davon ab, was Sie verkaufen wollen und wie viel Geld Sie für die Präsentation Ihres Produkts ausgeben wollen.

In diesem Kapitel führe ich Sie sicher durch das oft furchterregende Territorium der Verkaufspräsentation – von der Frage, wie Sie die Meinungsbildner im Raum identifizieren, bis zu den besten Tipps, um häufige Stolperfallen bei Präsentationen zu umgehen. Bevor Sie also eine Präsentation geben, sollen Sie weiterlesen.

Mehr als einen Fuß in die Tür bekommen

Verantwortliche in Firmen und Betrieben werden jeden Tag von Menschen wie Ihnen mit Vorschlägen über Verbesserungen ihres Geschäftes oder Unternehmens überhäuft. Manche Einkäufer laden gleich mehrere Anbieter zu einem Präsentationstermin vor einem Komitee ein.

Wenn Sie Ihre Hausaufgaben gut gemacht haben, wissen Sie genau, wer anwesend sein wird. Betrachten Sie dies wie die Einleitung zu *Mission: Impossible!*

Der erste Aspekt der Mission besteht darin, die Beteiligten zu identifizieren und herauszufinden, welches Interesse jeder Einzelne hat. So finden Sie heraus, bei wem Sie etwas mehr Überzeugungsarbeit leisten müssen und wie Sie diese Aufgabe angehen müssen, sollten Sie Ihre Mission akzeptieren.

Die Meinungsbildner identifizieren

Wenn Sie mit einer Präsentation anfangen, sprechen Sie erst einmal demjenigen Ihren Dank und Ihre Anerkennung aus, der Sie eingeladen hat, stellen Sie dann Augenkontakt zu jedem im Raum her. Versuchen Sie herauszufinden, wer unter Ihren Zuhörern die Hauptfigur dieses Spiels ist. Wenn Sie nun darauf achten, wie die Mitglieder Ihrer Zuhörergruppe miteinander umgehen, sollten Sie die Hauptperson schnell herausfinden können. Leitwölfe suchen sich immer den besten Platz im Zuschauer- und Zuhörerraum. Das ist meistens der Platz am Kopf des Tisches oder aber die 12-Uhr-Position an einem runden Tisch.

Die Körpersprache gibt es preis

Allerdings müssen Sie immer damit rechnen, dass manche dieser Hauptfiguren das Spiel vielleicht einmal nicht so spielen, wie Sie es erwarten, und sich gerade deshalb klammheimlich ganz hinten in eine Ecke setzen. Wenn Sie aber auf die Körpersprache eines jeden Einzelnen achten, sollten Sie in der Lage sein, denjenigen trotzdem zu entdecken.

Fassen Sie sich kurz – oder es wird Ihnen leid tun

Unsere heutige Welt der »10-Sekunden-Werbung« im Fernsehen macht es brutal deutlich: Dem Durchschnittsmenschen in unserer Gesellschaft fehlt die Fähigkeit, längere Zeit aufmerksam zu bleiben. Das bedeutet, dass Sie das Kernstück Ihrer Präsentation auf ein paar Minuten begrenzen müssen. Nach diesen wenigen Minuten müssen Sie dann versuchen, im Rest Ihrer Zeit Ihre Zuhörer durch Fragen, visuelle Hilfsmittel oder eine praktische Demonstration des jeweiligen Produkts in die Präsentation mit einzubeziehen.

Um Ihren Interessenten zu helfen, sich auf die Präsentation zu konzentrieren, sollten Sie Ihre Ziele am Anfang Ihrer Präsentation ausdrücklich nennen. Beschränken Sie Ihre Ziele auf drei. So könnten Sie sagen:

Frau Schmitz, Herr Schmitz, heute möchte ich drei Dinge behandeln. Erstens möchte ich Ihr Geschäft besser verstehen. Zweitens möchte ich Ihnen ein Produkt vorstellen. Ich glaube, Sie werden schnell erkennen, wie nützlich es für Ihr Unternehmen sein kann. Und schließlich möchte ich, wenn das, was ich präsentiere, für Sie wirklich wertvoll ist, mit Ihnen die Schritte besprechen, die erforderlich sind, damit Sie von dem Produkt so schnell wie möglich profitieren können.

Ich sage meinen Kursteilnehmern immer wieder, dass sie üben und immer wieder wiederholen sollen, das Herzstück ihrer Präsentationen innerhalb von 17 Minuten abgehandelt zu haben. Nach diesen 17 Minuten werden die Gedanken Ihres Kunden irgendwo anders hinwandern, und seine Augenlider werden langsam zufallen. Abgesehen davon hält es Ihre Zuhörer auch wach, wenn sie der Meinung sind, die Kürze Ihrer Präsentation wäre nur eine Würdigung der wertvollen Zeit, die man bereit ist, Ihnen zu widmen. Sie werden sich vielleicht dessen nicht klar bewusst sein, aber irgendwie werden sie es schätzen, und das könnte für Sie den entscheidenden Unterschied machen.

Diese magischen 17 Minuten fangen nicht in dem Moment an, in dem Sie den Raum betreten oder sich vorstellen. Sie fangen dann an, wenn Sie auf Ihr Thema zu sprechen kommen, auf die einzelnen Produkteigenschaften und darauf, welche Vorteile dieses Produkt für Ihren Kunden hat.

Richtige Pausen fördern den Erfolg

Wenn Sie während einer Präsentation eine Pause machen, wiederholen Sie kurz das Vorherige, bevor Sie mit dem neuen Stoff beginnen. Eine kurze Wiederholung heißt: Erwähnen Sie noch einmal die wichtigsten Punkte, die Sie bisher abgehandelt haben. Das ist ein schneller Weg, Ihre Zuhörer wieder an den Punkt anknüpfen zu lassen, an dem Sie und auch Ihre Zuhörer vor der Unterbrechung waren. Jede Unterbrechung ist dazu angetan, die Gedanken der Zuhörer abschweifen zu lassen. Sie müssen sich also einen Moment Zeit nehmen, um Ihre Zuhörer wieder zurückzuholen.

Das ABC der Präsentation

Die Grundregeln für eine effiziente Präsentation sind einfach. Sie kennen sie bereits aus dem Deutschunterricht in der Schule, als es darum ging, eine Geschichte zu schreiben:

- ✔ **Sagen Sie, was Sie sagen werden.**
- ✔ **Sagen Sie es.**
- ✔ **Sagen Sie, was Sie gesagt haben.**

Diese Methode funktioniert sowohl in schriftlichen wie auch in persönlichen Präsentationen. Sie hilft Ihrem Gegenüber, die Sache zu verstehen und zu behalten. Und wenn Sie verkaufen wollen, muss es doch in Ihrem Interesse sein, dass Ihre Präsentation demjenigen, der die Entscheidungen trifft, im Gedächtnis bleibt.

Wenn Sie die vier Grundlagen der Präsentation beherrschen – die Sprache des Kunden zu sprechen, die richtige Geschwindigkeit beim Sprechen zu finden, mit den richtigen Worten erreichen, dass der Kunde sich als Besitzer sieht, und die Körpersprache richtig zu deuten –, sind Sie auf dem besten Weg, eine Spitzenposition im Gedächtnis eines jeden Kunden einzunehmen, der sich Ihre Präsentation anhört.

Die Sprache des Kunden sprechen

Ein weiterer wichtiger Punkt ist: Wenn Sie in eine Präsentation gehen, müssen Sie so viel über Ihren Kunden wissen, dass Sie mit ihm in »seiner Sprache« und auf seinem Niveau reden können. Was bedeutet das? Hier ist ein Beispiel.

Nehmen wir mal an, Sie sind in den Dreißigern. Sie versuchen, einem alten Ehepaar einen Kühlschrank zu verkaufen, weil es sein 20 Jahre altes Modell endlich verschrotten will. Was erzählen Sie denen? Wahrscheinlich rühmen Sie die Zuverlässigkeit des neuen Modells und das wunderschöne Design. Dann erwähnen Sie noch die Vorteile, die das Paar davon hat, wenn es dieses neue Modell kauft, nämlich der geringere Energieverbrauch und die höhere Effektivität, längere Lager- und Kühlzeit für Lebensmittel, weniger Abfall und, wenn es ein Modell mit der zusätzlichen Flaschenhalterung in der Türe ist, mehr Bequemlichkeit und Stauraum und so weiter.

Jetzt eine andere Szene: Sie versuchen, diesen neuen Kühlschrank einem frisch verheirateten Paar zu verkaufen, das seine erste Wohnung einrichtet. Sie müssen die Vorteile herausstreichen, die für dieses junge Paar besonders zutreffen. Die jungen Leute werden etwas Preisgünstiges haben wollen, weil sie sich nichts anderes leisten können, aber wenn Sie ihnen deutlich machen, wie viel sie insgesamt einsparen können, wenn sie sich jetzt einen größeren und besseren Kühlschrank kaufen, anstatt bei dem Kauf eines Billigmodells in kürzester Zeit wieder einen neuen anschaffen zu müssen, werden Sie damit wahrscheinlich Erfolg haben.

Viele »Sprachen« sprechen

Sie müssen Ihre Botschaft an die Sprache, das Denken und die Lebenswelt des Kunden anpassen, in diesem Sinne also *mehrsprachig* sein. Sie sprechen »gehobene Bürgerschicht«. Sie sprechen »Jungunternehmer«. Sie sprechen »Alleinerziehender«. Sie sprechen »Arbeitnehmer«, und Sie sprechen »Hausfrau«. Es zahlt sich immens aus, mit jedem in seiner Sprache reden zu können.

Grammatik, Satzbau und Vokabular der Körpersprache entziffern

Sie müssen nicht unbedingt englisch, spanisch, französisch oder russisch sprechen, um Geschäfte zu machen. Sei sollten aber in jedem Falle die Körpersprache beherrschen. Die meisten von uns kennen die Körpersprache schon, wir beachten sie nur zu wenig und nutzen sie zu selten zu unserem Vorteil.

Hier einige Beispiele für Botschaften, die Ihnen Ihr Gesprächspartner mit seiner Körpersprache vermittelt:

- ✔ **Sich vorlehnen:** Wenn die Person, die Ihnen gegenübersitzt, sich vorlehnt, ist das ein Zeichen von Interesse und Aufmerksamkeit. Wenn Sie dieses positive Zeichen erkennen, sollten Sie sich ebenfalls nach vorne beugen. So können Sie die ganze Sache etwas beschleunigen.
- ✔ **Sich zurücklehnen/den Blick abschweifen lassen:** Wenn sich Ihr Gegenüber zurücklehnt und seinen Blick von Ihnen abschweifen lässt, heißt das, Sie verlieren ihn. Was tun Sie jetzt? Wenn Sie jetzt mitten in einem langen Monolog stecken, sollten Sie die letzten Punkte kurz zu-

sammenfassen und dem anderen eine Frage stellen, um ihn wieder »zurückzuholen«. Oder, wenn Sie Ihre Präsentation vor einer Gruppe halten und Ihnen fallen mehrere Leute auf, die diese Körpersprache zeigen, schlagen Sie eine kurze Pause vor oder fangen Sie mit der Frage-und-Antwort-Sequenz an.

- ✔ **Gekreuzte Arme:** Gekreuzte Arme sind ein Zeichen dafür, dass die Person alles anzweifelt, was Sie gerade sagen. Wenn Sie dieses Verhalten bemerken, sollten Sie zur Demonstration einer Grafik, einer Tafel oder einem Diagramm übergehen, um Ihre Aussagen zu beweisen oder zu untermauern.

Genauso wichtig wie das Entziffern dieser Sprache ist aber das eigene Sprechen. Wenn Sie die positiven Signale der Körpersprache kennen, sollten Sie sie üben und gezielt in Ihren Präsentationen einsetzen. Das kann genauso wichtig sein wie die Worte und Sätze, die Sie sprechen. Sie müssen in der Lage sein, Gesten zu verwenden, die Aufrichtigkeit und Warmherzigkeit ausstrahlen, wenn Sie andere erfolgreich überzeugen wollen. Solche Gesten sind zum Beispiel:

- ✔ **Setzen Sie sich neben die Person, die Sie überzeugen wollen, nicht ihr gegenüber.** Sie sind nicht ihr Gegner, sondern »auf derselben Seite«.
- ✔ **Benutzen Sie einen Stift, Marker oder Stab, um die Aufmerksamkeit der Zuhörer zu gegebener Zeit auf Ihre visuellen Hilfsmittel zu lenken.**
- ✔ **Benutzen Sie offene Gesten und Blickkontakt.** Offene Gesten und viel Blickkontakt sagen aus, dass Sie nichts zu verbergen haben.

Das war jetzt erst einmal nur die Basis der Körpersprache. Sie finden weitere Informationen über Körpersprache in *Körpersprache für Dummies*, erschienen bei Wiley-VCH.

Das Produkt muss der Star sein

Der wichtigste Schlüssel zum Erfolg ist sehr einfach. Egal, was Sie verkaufen wollen, sei es ein neues Hobby für den Normalbürger oder eine Hightech-Ausrüstung im Wert von Millionen an einen Mammutkonzern, das Produkt muss in seinem vollen Glanz erscheinen. Das Produkt muss der Star sein.

Sie sind nur der Gastgeber, der die einzelnen Figuren des Spiels (Ihr Produkt und Ihren potenziellen Kunden) miteinander bekannt macht und dann im Hintergrund verschwindet, damit sie sich näher kennenlernen können.

Die Kunst der Visualisierung meistern

Die meisten lernen und verstehen am besten, wenn sie so viele Sinne wie möglich daran beteiligen. Allerdings verfügen die meisten über einen dominierenden Sinn.

Manche lernen am besten, wenn sie mit geschlossenen Augen zuhören. Andere haben das starke Bedürfnis, Dinge anzufassen und zu befühlen. Die meisten Leute verstehen jedoch am besten, wenn sie Dinge ansehen. Nehmen Sie sich einen Moment Zeit, um sich den Unterschied klarzumachen, jemandem ein Produkt zu *beschreiben* oder ihn das Produkt *sehen* zu lassen, entweder in einer Abbildung oder sogar einer realen Vorführung. Es ist klar, dass es mehr Sinne des Menschen anspricht, wenn er das Produkt vor sich sieht. Damit kommen wir zu den visuellen Hilfsmitteln.

Visuelle Hilfsmittel sollten neuen Kunden drei Dinge zeigen:

- ✔ **Wer Sie (und Ihr Unternehmen) sind.** Visuelle Hilfsmittel sollten Ihr Unternehmen und seine Branche beschreiben. Die Geschichte Ihres Unternehmens baut Glaubwürdigkeit auf.
- ✔ **Was Sie getan haben.** Wenn das Space Shuttle Software Ihres Unternehmens benutzt, sollten Sie dies mit Ihren visuellen Hilfsmitteln stolz betonen. Aber überfrachten Sie diese Tatsache nicht.
- ✔ **Was Sie für Ihre Kunden tun.** Das ist der Teil, an dem der Kunde das größte Interesse hat. Das ist der Punkt, an dem Sie Ihren Lieblingsradiosender, WHID, einschalten können, der rund um die Uhr die dringende Frage beantwortet: »Was habe ich davon?«

Um möglichst viele Sinne bei einem potenziellen Kunden anzusprechen, dürfen Sie auch kreativ sein und eigene visuelle Hilfsmittel zusammenstellen. Je mehr Sinne der Kunden Sie ansprechen, umso besser wird es für Sie sein. Sie können zum Beispiel den Tastsinn Ihrer Kunden ansprechen, indem Sie ihnen Dinge in die Hand geben. Beim Geruchs- und Geschmackssinn ist es schon ein bisschen schwieriger, vor allen Dingen, wenn Sie eine nicht greifbare Sache verkaufen wollen. Bei imaginären Dingen könnte es von Vorteil sein, wenn Sie mit Bildern arbeiten, die dann doch einige Sinne ansprechen.

Produkte vorführen

Wenn Sie ein materielles Produkt vorführen, müssen Sie sich benehmen wie der Gastgeber bei einer Fernsehshow. Sie wollen eine Menge begeisterter und aufgeregter Mitspieler haben, und das schaffen Sie nur, indem Sie die Leute mit ins Spiel einbeziehen. Wen kümmert es schon, ob Hans-Heinrich alle Fragen beim »Glücksrad«-Spiel beantworten kann; er ist zwar ein netter Junge, aber was wirklich zählt, ist, mitzumachen.

Verkaufen ist kein Zuschauer-Sport; beim Verkaufen muss man mitmachen.

Wenn Sie Kopiermaschinen verkaufen und die Leute, denen Sie sie vorführen, nicht auf die Knöpfe drücken, kein Papier wechseln, die Abdeckung nicht öffnen und schließen dürfen, dann verkaufen Sie nicht. Sie zeigen nur etwas. Lassen Sie die Leute das Gerät bedienen, und sie werden das Gefühl haben, bei der Sache mitzumischen und einbezogen zu sein.

Eine der größten Ängste aller Kunden in Verkaufssituationen ist, dass sie den Aussagen des Verkäufers vertrauen, das Produkt kaufen und dann, nachdem es geliefert worden ist, feststellen, dass es doch nicht ihre Erwartungen erfüllt oder ihre Bedürfnisse nicht befriedigt. Die besten Vorführungen geben dem Interessenten die Gelegenheit, sich davon zu überzeugen, dass die Aussagen des Verkäufers wirklich wahr sind.

Dafür sorgen, dass Ihre Hilfsmittel in Ordnung sind

Essensflecken und angeschlagene Kanten und Ecken machen den Eindruck, dass Sie sich nicht sehr um wichtige Details kümmern. Fast genauso schlimm ist ein totales Chaos in Ihrem Präsentationsmaterial. Deshalb sollten Sie vor jeder Präsentation sämtliche Ausrüstungsgegenstände und Unterlagen, die für Ihre Kunden bestimmt sind, noch einmal genau prüfen. Sie schlafen besser, wenn Sie wissen, dass alles in Ordnung ist.

Benutzen Sie Ihre Geräte und Unterlagen niemals unbesehen, nachdem ein anderer damit gearbeitet hat. Dinge werden zwar selten absichtlich durcheinandergebracht, aber es passiert.

Überprüfen Sie alles rechtzeitig

Vielleicht verfügen Sie über ein sehr zuverlässiges Demonstrationsmodell Ihrer Software auf Ihrem Computer. Es kann sein, dass Sie diese Software schon einige Wochen oder Monate benutzen, ohne dass Probleme aufgetreten sind. Doch am Tag Ihrer Präsentation kann alles schiefgehen.

Ein Kabel, das nicht in Ordnung ist, kann die bestgeplante Computer-Präsentation zunichtemachen. Deshalb sollten Sie immer früh genug kommen, um Ihre gesamte Ausrüstung vor Ort zu testen. Und Sie sollten sie früh genug testen, um gegebenenfalls für Ersatz zu sorgen, sollte etwas nicht funktionieren.

Passen Sie so viel wie möglich an den Kunden an

Sie finden es wahrscheinlich auch nicht gerade toll, wenn Ihnen jemand eine allgemeine Präsentation vorführt, von der Sie wissen, dass er genau diese gleiche Standardpräsentation, Satz für Satz und Wort für Wort vorher – sagen wir mal –

40 anderen Leuten ganz genau so geboten hat, oder? Keiner findet so etwas toll.

Wenn Sie sich die Mühe machen, Ihre Präsentation auf die jeweiligen Kunden immer wieder neu abzustimmen, werden Sie den Eindruck eines kompetenten Menschen machen, der die Bedürfnisse seiner Kunden kennt und ernst nimmt, und Sie haben damit gute Chancen, dadurch genau derjenige zu sein, den Ihre Kunden schon immer gesucht haben.

Verstehen Sie »an den Kunden anpassen« nicht so, dass Sie wesentliche Teile Ihrer Standardpräsentation einfach überspringen. Die Zuhörer merken, wenn Ihre Informationen Lücken aufweisen, und fühlen sich vielleicht missachtet. Entfernen Sie stattdessen Seiten oder Slides, die Sie nicht benötigen. Überblättern Sie Grafiken auf Ihrem Computerbildschirm, die Sie nicht benötigen. Wenn Sie sie nicht überspringen können, dann zeigen Sie sie.

Erklären Sie Ihren Kunden aber kurz, dass Sie wissen, dass diese Grafiken nichts mit ihren Wünschen und Bedürfnissen zu tun haben und dass Sie die Zeit der Kunden nicht dadurch verschwenden wollen, indem Sie näher auf diese Grafiken eingehen.

Bringen Sie eine Schutzhülle oder -unterlage mit

Wenn Sie Ihre Präsentation in einem fremden Büro abhalten müssen, passen Sie auf, dass Sie die Möbel des Interessenten nicht verkratzen.

Ich kenne einen Verkäufer, der sein Auftragsformular auf den Tisch des Kunden legte und beim Schreiben fest auf das Papier drückte, weil das Formular drei Durchschläge hatte. Es gab nur ein Problem: Der Tisch bestand aus einem feinen, weichen Holz. Weil der Verkäufer keine Schreibunterlage unter dem Formular benutzt hatte, hatte er seine Schrift durch seinen starken Schreibdruck in die Oberfläche des Tisches eingeritzt.

Ich brauche wohl nicht zu sagen, dass er dadurch keinen bleibenden positiven Eindruck hinterlassen hat. Um derartige Schäden zu vermeiden, prüfen Sie immer erst die Unterseite Ihrer Ausrüstung, bevor Sie irgendetwas auf die Möbel des potenziellen Kunden stellen. Scharfe Kanten hinterlassen leicht Kratzer.

Teil II

Kundenbedenken zerstreuen

»›Nein‹ ist für mich keine akzeptable Antwort. Dasselbe gilt für ›was auch immer‹, ›als ob‹ oder ›na und‹!«

In diesem Teil ...

Erfahren Sie, wie Sie sich auf natürliche Bedenken des Kunden vorbereiten und einstellen können, um geschickt und professionell auf sie zu reagieren. Einwände und Bedenken des Kunden sind keinesfalls gleichzusetzen mit einem kategorischen »Nein«. Lernen Sie die Signale des Kunden richtig lesen und schärfen Sie Ihre Verkaufswaffen, um die Bedenken auf dem Weg zum Verkaufsabschluss zu zerstreuen.

»Nein« oder »Vielleicht«? – Kundenbedenken zerstreuen

4

In diesem Kapitel

- ✔ Zögern ist nicht dasselbe wie »Nein«
- ✔ Kunden bei Einwänden nicht vor den Kopf stoßen

Wenn Sie nicht gerade Luftballons auf einem Jahrmarkt verkaufen, wird es nur wenig Kunden geben, die bei Ihnen einen Impulskauf tätigen, um dann glücklich wieder zu entschwinden. Es wird eher der Fall sein, dass Ihre Kunden hier und da Bedenken oder Einwände äußern. Welche Bedenken können das sein? Wahrscheinlich stellt sich der Kunde selbst die folgenden Fragen:

- ✔ Habe ich wirklich die besten Konditionen ausgehandelt?
- ✔ Treffe ich wirklich eine gute Entscheidung?
- ✔ Handelt es sich um etwas, das ich dringend brauche?
- ✔ Wird das Produkt oder der Service wirklich das bringen, was behauptet wird?

All diese kleinen Ängste treten bei Kunden auf, sobald der Punkt näher rückt, an dem sie sich für die Investition in Ihr Produkt oder Ihre Dienstleistung entscheiden sollen. Es ist eine völlig normale Sache, dass Leute Bedenken haben, sobald sie sich auf etwas festlegen, was ihre Zeit oder ihr Geld kosten soll.

Unglücklicherweise glauben die meisten angehenden Verkäufer, ein »Nein« oder das offensichtliche Zögern eines Kunden bedeute ein »Danke, das war's!«.

Erfahrene Verkäufer wissen, dass es für Kunden gute Gründe geben kann, erst einmal zögerlich zu reagieren. Der beste Grund für dieses Zögern ist, dass die Kunden eigentlich in ihrem Inneren schon zu einem »Ja« neigen. Das Zögern des potenziellen Kunden kann also einfach nur seinen Wunsch ausdrücken, den Verkaufsprozess etwas zu verlangsamen, damit er all die Informationen, die Sie ihm geben, besser verarbeiten kann. Es kann aber auch heißen, dass der Kunde *mehr* Informationen braucht. Dann bringt er Einwände vor, um Ihnen klarzumachen, dass Sie sich etwas zurücknehmen und einige Punkte etwas genauer erklären sollten. Wenn ein potenzieller Kunde zögert oder den Fortgang des Verkaufs blockiert, denken Sie einfach: »Er braucht mehr Informationen.«

Mit Einwänden rechnen, um clever zu kontern

Solange Sie nicht mit Einwänden des Kunden rechnen, solange lernen Sie nicht, sie zu behandeln. Und solange Sie nicht wissen, wie man Kundeneinwände behandelt, schöpfen Sie Ihr Verkaufspotenzial und damit Ihr erreichbares Einkommen nicht annähernd aus. Also erwarten Sie bei jeder Präsentation Einwände und bereiten Sie sich darauf vor. Dann lassen Sie sich durch Einwände nicht mehr verblüffen und bleiben auf der Straße zum Erfolg.

Die Signale des potenziellen Kunden lesen

Kunden, die Einwände erheben, teilen Ihnen drei wichtige Dinge mit:

- ✔ Sie sind interessiert, aber sie wollen nicht als leichte »Verkaufsbeute« gelten.
- ✔ Sie sind vielleicht interessiert, wissen aber noch nicht genau, was es ihnen eigentlich bringt.
- ✔ Sie sind vielleicht nicht interessiert, aber sie könnten es werden, wenn Sie ihnen die richtigen Gründe darlegen.

Alle Einwände teilen Ihnen mit, dass der Kunde mehr Informationen braucht. Wenn Sie den Kunden im Vorfeld sorgfältig eingeschätzt haben, wissen Sie, was er momentan hat oder benutzt, was er daran am meisten schätzt, was er vielleicht ändern möchte. Wenn Sie nun – gut ausgerüstet mit diesem Wissen – ganz sicher sind, dass der Kunde von Ihrem Angebot profitieren könnte, dann kommt wahrscheinlich der erste Punkt der obigen drei Varianten infrage. Er möchte Ihnen nicht das Gefühl geben, als Käufer leicht zu haben zu sein. In diesem Fall sollten Sie die Präsentation etwas langsamer angehen lassen, den Kunden zu Fragen ermuntern und dafür sorgen, dass er sich entspannt und wohlfühlt, bevor Sie ihn nach seiner Entscheidung fragen.

Wenn der Kunde bereits viele Fragen gestellt hat und ein bisschen verunsichert und zweifelnd durch die Gegend schaut, hat er noch keine klare Vorstellung davon, was Ihr Angebot ihm bringen soll. Diese Situation tritt häufig ein, wenn er noch keine Erfahrungen mit einem ähnlichen Produkt gemacht hat und Sie ihm alles von Grund auf erklären müssen.

Bei diesen Interessenten müssen Sie die Eigenschaften und Vorteile Ihres Produkts oder Ihrer Dienstleistung etwas eingehender behandeln und dabei Fragen stellen, die Ihnen helfen, bei Ihrer Präsentation die richtigen »Bilder« im Bewusstsein des Interessenten entstehen zu lassen.

Haben Sie es mit einem Interessenten der dritten Art zu tun (Desinteresse aufgrund mangelnder Informationen), müssen Sie zuerst sein Vertrauen gewinnen, damit er Ihnen überhaupt die Zeit einräumt, ihn ausreichend über Ihr Produkt zu informieren. Außerdem müssen Sie seine Neugier auf das Produkt, die Dienstleistung oder die Idee wecken, damit er mehr darüber wissen will.

Indem Sie sich zurücknehmen und genau klären, wogegen sich der Einwand des Interessenten richtet, finden Sie genau heraus, welche Richtung Sie mit Ihrem nächsten Schritt einschlagen müssen.

Einwände umgehen

Wenn Sie wissen, dass Ihr potenzieller Kunde Ihr Produkt oder Ihre Dienstleistung haben will und braucht, aber einen natürlichen Drang zum Widerspruch hat, können Sie einen Einwand oft komplett umgehen. Sagen Sie einfach: »Das ist ein wichtiger Punkt, Herr Schmitz. Ich glaube, am Ende meiner Präsentation wird diese Sache zu Ihrer Zufriedenheit geklärt sein. Darf ich mir das kurz notieren und später darauf zurückkommen?« Wenn er Ihnen dies erlaubt, wird er den Rest Ihrer Präsentation aufmerksam verfolgen, um Ihre angekündigte Antwort, die ihn zufriedenstellen soll, nicht zu verpassen. Oder er erkennt im Verlauf Ihrer restlichen Präsentation, dass der Wert Ihres Angebots seine Bedenken überwiegt, sodass sein Einwand hinfällig wird.

Umstände im Gegensatz zu Einwänden

Wenn der Einwand Ihres Kunden lautet: »Ich habe überhaupt kein Geld«, und Sie versuchen gerade, ihm einen Luxusartikel zu verkaufen, soll dies wahrscheinlich kein Einwand sein, sondern ein Umstand. Beide unterscheiden sich erheblich.

Ein *Umstand* ist kein Vorwand dafür, nicht zu kaufen, sondern ein guter Grund dafür, warum der potenzielle Kunde nicht auf Ihr Angebot eingehen kann. Wenn Ihr potenzieller Kunde kein Geld und keinen Kredit hat, danken Sie ihm für seine Zeit und ziehen Sie weiter. Es gibt so viele potenzielle Kunden, die nicht in widrigen Umständen sind. Verlassen Sie die Leute, die gute Gründe gegen den Kauf haben, jedoch mit einer positiven Einstellung. Sie wissen nie, wann und wie sich deren Umstände ändern.

Vergessen Sie nicht: Wenn ein solcher Interessent Sie und Ihr Angebot wirklich schätzt, wird er sie anrufen. Warum sollte er schließlich einen völlig Fremden anrufen, wenn er sich auf einen Verkäufer stützen kann, den er als informiert, kompetent und einfühlsam kennengelernt hat?

Wenn Sie noch neu im Verkaufsgeschäft sind, sollten Sie einen Einwand niemals einfach ignorieren, ohne vorher zu testen, wie groß die dahinterstehenden Bedenken sind. Manchmal reicht es aus, den Einwand einfach anzuerkennen. Ihr Interessent ist zufrieden, dass Sie ihm wirklich zuhören, und wendet sich Ihrer Präsentation weiter zu.

Ein Einwand eines Kunden bedeutet nicht unbedingt »unter keinen Umständen«. Es kann auch einfach nur bedeuten: »So nicht.« Trifft das zu, müssen Sie einen anderen Weg zu Ihrem Ziel suchen.

Dem Interessenten helfen, den Mehrwert zu erkennen

Hat Ihr potenzieller Kunde Geld, will sich aber im Moment einfach nicht davon trennen, haben Sie ihn nicht davon überzeugt, dass er mit dem Produkt einen höheren Nutzen erzielt als mit dem Geld, das er behalten will.

Wenn Ihr Angebot den Kunden Zeit kostet, ist der Einwand »keine Zeit« kein ernst zu nehmender Grund zur Ablehnung, sondern ein Einwand. Wenn Sie möchten, dass jemand Ihnen einen Teil seiner Zeit widmet, müssen Sie ihm die Vorteile Ihres Angebots so deutlich schildern, dass er diese Zeit mit Ihnen verbringen will, anstatt in dieser Zeit etwas anderes zu tun.

Einwände vorwegnehmen

Wenn Sie wissen, dass Ihr Interessent wahrscheinlich einen bestimmten Einwand vorbringen wird, können Sie ihm zuvorkommen. Indem Sie die Kontrolle behalten und den Einwand bringen, wann *Sie* es für richtig halten, statt den Zeitpunkt dem Interessenten zu überlassen, können Sie zeigen, dass Sie bereits daran gedacht haben und natürlich eine Lösung dafür parat haben. So können Sie den Einwand in einen Vorteil für sich umwandeln.

Wenn Sie wissen, dass Ihr Produkt mehr kostet als andere Angebote auf dem Markt, können Sie ziemlich sicher sein, dass sich Ihr Interessent Gedanken über den Preis macht. Sie können jedoch den entsprechenden Einwand vorwegnehmen und erklären, dass Ihr Produkt eine höhere Investition erfordert, weil es nur hochwertige Komponenten enthält. Und diese hochwertigen Komponenten vermitteln den Besitzern ein höheres Qualitätsgefühl, sie halten länger oder funktionieren besser. Es lohnt sich, diese Vorteile herauszustreichen, *bevor* Ihr Interessent anfängt, eine Verteidigungsmauer gegen die Investition aufzubauen.

Hier ein Beispiel, wie Sie einen Einwand gegen die Investition behandeln können, die für Ihr Produkt erforderlich ist:

Kunde: »Ich bin sicher, dass ich diesen Artikel oder einen ähnlichen irgendwo anders viel billiger bekommen kann.«

Verkäufer: »Sicher, Herr Schmitz, das mag schon sein. Aber ich habe im Laufe der Jahre eines gelernt: Leute wollen immer drei Dinge, wenn sie ihr Geld ausgeben: die beste Qualität, den besten Service und – natürlich – den niedrigsten Preis. Ich habe aber nie eine Firma gefunden, die all diese drei Sachen auf einmal anbieten konnte. Man kann einfach nicht die beste Qualität und den besten Service zum niedrigsten Preis anbieten. Und auf lange Sicht gesehen, worauf würden Sie von den drei Dingen am ehesten verzichten können? Auf die beste Qualität? Auf den ausgezeichneten Service? Oder auf den niedrigsten Preis?«

Es würde dem Kunden nun sicher schwerfallen, Ihnen zu antworten: »Also, schlechte Qualität und ein schlampiger Service sind schon in Ordnung, wenn es nur billig ist.«

Hier eine weitere Methode, einen Einwand über die Kosten zu behandeln. Welche der beiden Methoden Sie wählen, hängt davon ab, wie Sie die Situation beurteilen. Wenn der Interessent diesen Einwand vorbringt und Sie einigermaßen sicher sind, dass er zu Ihnen und Ihrer Kompetenz ein gewisses Vertrauen gefasst hat, können Sie auch folgendermaßen verfahren:

Kunde: »Ich bin sicher, ich kann dieses Produkt oder zumindest ein ähnliches viel billiger bekommen.«

Verkäufer: »Zugegeben, ich hätte auch für andere Firmen in dieser Branche arbeiten können. Aber nach gründlicher Nachforschung habe ich mich für meine jetzige Firma entschieden. Denn ich wollte meinen Kunden gegenübersitzen, in die Augen schauen und sagen können: ›Sie arbeiten mit dem Unternehmen, das Ihnen in dieser Branche die allerbeste Qualität liefert.‹ Ich weiß, dass Sie Qualität schätzen, und deswegen werden die wenigen zusätzlichen Cents, die Sie pro Tag mehr investieren, um Freude an der höchsten Qualität zu haben, Ihnen langfristig doch den höchsten Nutzen bringen, oder sehen Sie das anders?«

Mit dieser Taktik steigern Sie Ihre Glaubwürdigkeit, die Sie bereits erworben haben, noch. Faktisch zeigen Sie Ihrem Interessenten damit, dass Sie kein Amateur sind. Sie sind auf Ihren guten Ruf bedacht und haben vor, eine Weile im Geschäft zu bleiben.

Die Methode, Einwände des potenziellen Kunden vorwegzunehmen und ins Gegenteil zu verkehren, wurde von vielen meiner Kursteilnehmer erfolgreich angewendet, die sie vorher als mögliche Stolpersteine betrachtet hatten. Heute betrachten sie sie als Sprungbretter zum Erfolg; Sie können dies auch!

Den eigenen Instinkten trauen

Verkaufsinstinkte (die sich durch die leise Stimme in Ihrem Kopf äußern, die Ihnen sagt, was in einer Verkaufssituation richtig oder falsch ist) entwickeln sich durch Erfahrung. Jeder hat diesen »siebten Sinn«, nur bei manchen ist er ausgeprägter als bei anderen.

Um Ihre Verkaufsinstinkte zu entwickeln und einzusetzen, müssen Sie den Einwänden und Bedenken des Interessenten sorgfältig zuhören und seine Bedürfnisse über Ihre eigenen stellen. Dann, und nur dann können Sie Ihren Instinkten vertrauen.

Wenn Sie nicht ganz ehrlich sagen können, dass die Bedürfnisse des Interessenten vor Ihren eigenen kommen, verdrängen Ihre eigenen Wünsche Ihre instinktiven Überzeugungen, was für den Interessenten das Beste ist – und diese Selbstbezogenheit zeigt sich nach außen. Ihr Gesprächspartner wird die Eurozeichen in Ihren Augen blinken sehen und Ihnen nicht mehr trauen. Denn warum sollte er jemandem vertrauen, der nur an sich denkt?

Erkennen Sie an, dass der Einwand berechtigt ist

Einwände Ihres potenziellen Kunden von vornherein als unwichtig abzutun, kann dazu führen, dass seine Einwände ein überproportionales Gewicht erhalten. Manchmal reicht es schon, nur »Ich verstehe« zu antworten. In anderen Fällen kann es von Vorteil sein zu sagen: »Darf ich mir das kurz notieren, damit wir später ausführlich darauf zurückkommen können?«, und sich dann eine entsprechende Notiz zu machen. Einwände des Interessenten schriftlich festzuhalten, zeigt Ihre professionelle Einstellung zum Gesprächspartner.

Lassen Sie Einwände durch den Interessenten selbst entkräften

Das wichtigste Gebot der Behandlung von Einwänden lautet: Lassen Sie Ihren Gesprächspartner selbst seine Einwände entkräften.

Der Rat hört sich gut an, aber wie bringt man ihn dazu? Vor dem Wie erkläre ich zunächst das Warum. Wenn Sie versuchen, Ihren potenziellen Kunden zu überzeugen, hat er normalerweise gegen alles, was Sie tun oder sagen, erst einmal gewisse Vorbehalte. Warum? Weil alles, was Sie sagen, auch für Sie gut sein muss. Bis zu dem Zeitpunkt, an dem er erkennt, dass Sie in seinem besten Interesse handeln, wird er Ihnen misstrauen.

Wenn Sie etwas sagen, neigt der Interessent zum Zweifel. Wenn er etwas sagt, meint er sicher, die Wahrheit zu sagen. Und deshalb sollten Sie versuchen, Ihren Interessenten dazu zu bringen, seinen Einwand selbst zu entkräften – weil er viel eher geneigt ist, seinen eigenen Argumenten als Ihren zu glauben. Sie müssen ihm nur die Informationen geben, die seinen Einwand widerlegen, und ihn seine eigenen Schlüsse ziehen lassen. Sie lassen ihn sich selbst überreden.

Sitzen Sie es aus

Diese Technik funktioniert oft sehr gut, wenn es sich um ein Paar handelt. Wenn ein Partner einen Einwand vorbringt, antworten Sie niemals sofort. Mittelmäßige und durchschnittliche Verkäufer reagieren viel zu schnell, um ihr Angebot zu verteidigen. Es gibt eine viel bessere Methode: Lernen Sie, es auszusitzen. In vielen Fällen wird der andere Partner mit einem nächsten Kommentar einspringen, und damit stehen Ihre Chancen 50/50, dass dieser ursprünglich stille Partner den Einwand für Sie entkräften wird.

Wenn allerdings der zweite Partner dem Einwand des ersten zustimmt, wissen Sie, dass Sie ein bisschen mehr tun müssen, um dagegen anzukommen. Der Punkt ist, dass diese zwei Leute eine positive Beziehung zueinander haben und dass jeder der beiden dem Urteil des anderen traut. Zu lernen, einfach ruhig abzuwarten, während die beiden über ihre Bedenken nachdenken, kann dazu führen, dass sich der Einwand oder ihre Bedenken vor Ihren Augen von selbst in Luft auflösen.

Natürlich ist es schwer, diese Geduld zu üben, wenn etwas Wichtiges für Sie auf dem Spiel steht. In solchen Momenten können sich Sekunden gefühlsmäßig zu Stunden dehnen. Um sich aber selbst daran zu hindern, zu schnell zu reagieren, probieren Sie einfach diesen Trick: Zählen Sie langsam – und nur im Geiste – bis 30. Manche Verkäufer sagen auch für sich im Geiste ein kleines Gedicht auf, um die Zeit zu überbrücken.

Egal, welche Methode Sie wählen, passen Sie auf, dass sich Ihre Lippen dabei nicht bewegen.

Was Sie in solchen Situationen niemals tun dürfen, ist, auf Ihre Armbanduhr oder eine Uhr an der Wand zu schauen. Schon ein kleiner Blick auf einen Zeitmesser kann Ihre Interessenten ablenken, weil Sie sie bereits anschauen und auf Ihren nächsten Schritt warten. Deshalb sollten Sie dieses Verhalten üben, bis Sie sich damit angefreundet haben.

Streiten Sie nicht mit dem Interessenten

Auch wenn es offensichtlich zu sein scheint, kann es bei einer Verhandlung passieren, dass die Emotionen die Oberhand gewinnen und das Gespräch aus dem Ruder läuft. Ein Streit über einen Einwand errichtet eine Barriere zwischen Ihnen und demjenigen, den Sie überzeugen wollen. Sie versuchen, ihn von etwas zu überzeugen, und wollen nicht mit ihm für zehn Runden in den Ring steigen. Wenn Sie die Perspektive bewahren, dass Einwände einfach nur ein Zeichen dafür sind, dass der Kunde mehr Informationen braucht, werden Sie keine Probleme haben.

Reden Sie einen Einwand niemals klein

Für denjenigen, der seine Einwände äußert, ist jeder angesprochene Punkt wichtig. Vergessen Sie nicht, sich in seine Lage zu versetzen. Wie würden Sie auf einen Verkäufer reagieren, der sich so verhält, als wären Ihre Bedenken dumm oder unwichtig?

Mit Einwänden und Bedenken umgehen

5

In diesem Kapitel

- ✔ Einwände strategisch entkräften
- ✔ Sechs bewährte Schritte zu Behandlung von Einwänden

In den folgenden Abschnitten zeige ich Ihnen, wie Sie Einwände behandeln oder Bedenken zerstreuen können. Meine Anregungen sind auch recht gut dazu geeignet, ungewöhnlich gespannte Situationen aufzulockern; also merken Sie sich diese Tipps gut.

Manchmal bringt ein Interessent mehrere Einwände vor. Wollten Sie jetzt versuchen, bei jedem Einwand alle sechs Schritte durchzuarbeiten, würden Sie nie damit fertig, den Interessenten zu überzeugen. Die Erfahrung wird Sie lehren, auf welche Einwände Sie näher eingehen sollten und welche Sie möglicherweise umgehen können.

Schritt 1: Hören Sie dem Kunden gut zu

Wenn der Kunde so weit Vertrauen zu Ihnen gefasst hat, dass er Ihnen auch sagt, was ihn bewegt oder stört, seien Sie so höflich, ihm gut zuzuhören. Springen Sie nicht sofort auf jeden Satz an, den er äußert. Lassen Sie ihm Zeit. Ermuntern Sie ihn, Ihnen die ganze Geschichte zu erzählen, die hinter seinen Bedenken steht.

Wenn Sie nicht die ganze Geschichte kennen, werden Sie auch nicht wissen, was Sie tun oder sagen können, um seine Bedenken zu zerstreuen. Unterbrechen Sie ihn auch nicht, denn Sie könnten durch Ihren plötzlichen Einwurf einen ganz falschen Einwand beantworten.

Die Antwort auf Einwände verschieben

Wenn Einwände oder Bedenken in einer Präsentation geäußert werden und Sie weitere Informationen suchen und später auf die Gesprächspartner zurückkommen müssen, sollten Sie sich die Kontaktinformationen (insbesondere die E-Mail-Adressen) aller Personen der Gruppe besorgen. Verlassen Sie sich nicht darauf, dass eine Person aus der Gruppe wesentliche Informationen vollständig und unverfälscht so weitergibt, wie Sie es für den Verkaufsprozess am günstigsten halten. Senden Sie allen Empfängern genau dieselbe E-Mail-Nachricht und lassen Sie alle wissen, dass sie zu den Empfängern der Gruppen-E-Mail gehören. Wenn jeder seine E-Mail einzeln empfängt, fragt er sich vielleicht, was Sie den anderen möglicherweise noch mitgeteilt haben.

Schritt 2: Wiederholen Sie die Einwände

Wenn Sie dann die Bedenken oder den Einwand des Kunden mit anderen Worten nochmals wiederholen, bitten Sie ihn praktisch um weitere Informationen. Sie wollen herausfinden, ob er zu diesem Zeitpunkt alle seine Bedenken und Einwände geäußert hat und nicht noch später einen weiteren nachschiebt, nachdem Sie den aktuellen Einwand behandelt haben. Sagen Sie zu ihm: »Erzählen Sie mir alles, laden Sie es ruhig auf mir ab, reden Sie sich alles von der Seele.« So werden Sie sein Vertrauen gewinnen.

Schritt 3: Hinterfragen Sie den Einwand

Bei diesem Schritt müssen Sie subtil und taktvoll zu Werke gehen. Wenn Sie zum Beispiel jemanden als Schülerlotsen gewinnen wollen, und dieser Jemand Einwände gegen das Tragen einer reflektierenden Sicherheitsweste während seiner Kontrollgänge in der Nachbarschaft hat, fragen Sie nicht einfach: »Wieso, was stimmt denn an der Weste nicht?«, sondern fragen Sie höflich: »Fühlen Sie sich in der Weste nicht wohl?« Wenn Letzteres der Fall ist, wird er Ihnen seinen Grund nennen. Vielleicht ist er schüchtern, und es ist ihm unangenehm, durch diese Weste aufzufallen. Wenn dies so ist, müssen Sie in ihm das Vertrauen aufbauen, dass diese Uniform ihm Respekt und Autorität verschaffen wird.

Schritt 4: Beantworten Sie den Einwand

Sobald Sie sicher sind, die ganze Geschichte hinter seinem Einwand zu kennen, können Sie den Einwand mit Selbstvertrauen ausräumen. Wenn der potenzielle Kunde sich Gedanken über die Kosten macht, könnten Sie mit ihm etwa den folgenden Dialog führen:

Verkäufer: »Ich kann Ihre Gefühle voll und ganz verstehen. Aber wir sollten diese 1.000 Euro in der passenden Relation betrachten. Über die Jahre hinweg haben die meisten meiner zufriedensten Kunden mindestens fünf Jahre lang einen wirklichen Vorteil und großen Nutzen aus diesem Produkt gezogen. Diese Tatsache macht aus 1.000 Euro eigentlich nur 200 Euro pro Jahr, oder nicht?«

Kunde: »Ja, da haben Sie schon recht.«

Verkäufer: »Wenn Sie das Produkt so wie die meisten Leute nutzen, werden Sie seine Vorteile 52 Wochen im Jahr genießen; bei 1.000 Euro macht das gerade mal 3,85 Euro pro Woche; das wiederum bedeutet – und das klingt schon fast lächerlich –, es kostet Sie im Endeffekt ganze 55 Cent pro Tag. Sind Sie wirklich der Auffassung, es wäre besser, für 55 Cent pro Tag auf all diese Vorteile zu verzichten?«

Kunde: »Na ja, wenn Sie das so sehen, hört es sich ein bisschen albern an.«

Schritt 5: Lassen Sie sich Ihre Antwort bestätigen

Wenn Sie einen Einwand entkräftet haben, ist es wichtig, sich zu vergewissern und bestätigen zu lassen, dass der andere diese Antwort auch gehört und akzeptiert hat. Wenn Sie diesen Schritt nicht tun, wird der Interessent diesen Einwand wahrscheinlich erneut vorbringen.

Sie können sich Ihre Antworten ganz einfach bestätigen lassen, indem Sie zu diesem Thema eine abschließende Frage stellen: »Damit sind Ihre Bedenken ausgeräumt, oder nicht, Herr Hansen?« Wenn Herr Hansen dem zustimmt, sind Sie wieder einen Schritt weiter, ihn zu überzeugen. Wenn er mit Ihren Antworten nicht zufrieden ist, ist jetzt die Gelegenheit nachzufassen – nicht erst später, wenn Sie versuchen, von ihm das Okay für den Abschluss zu bekommen.

Notorische Protestler

Wenn ein Kunde Sie mit Einwänden buchstäblich bombardiert, sollten Sie ihm einige Fragen stellen, um den wirklichen Grund für seine Ablehnung herauszufinden. Wer allzu viel protestiert, hat meistens entweder gar kein Interesse und scheut sich, das Ihnen gegenüber frei zu äußern, oder aber nennt nicht den wirklichen Grund für seinen Widerstand. Manchen Menschen fällt es einfach schwer, zugeben zu müssen, dass sie Ihr Produkt zwar mögen, es sich aber einfach nicht leisten können. Anstatt also zuzugeben, dass sie zu wenig Geld haben, erfinden sie lieber hundert andere Gründe, warum Ihr Produkt, Ihre Dienstleistung oder Ihre Idee für sie nicht das Richtige wäre. Irgendwann müssen Sie es dann auf den Punkt bringen:

»Frau Klingen, offensichtlich haben Sie einige ernste Vorbehalte unserem Produkt gegenüber. Darf ich fragen, was bei Ihrer Entscheidung den Ausschlag geben würde, der Nutzen, den unser Produkt Ihrer Familie bieten könnte, oder aber der finanzielle Aspekt dieser Transaktion?«

So bleiben Sie ein netter, freundlicher, warmherziger Verkäufer, fragen aber gezielt und mit gutem Recht einfach nach dem wirklichen Grund für die Ablehnung Ihres Angebots.

Schritt 6: Übrigens ...

Übrigens sollten Sie sich dieses Wort gut merken. Es zählt zu den wichtigsten Wörtern bei dem Versuch, andere Person zu überzeugen. Mit diesem Wort können Sie den Gang wechseln, um zum nächsten Thema überzugehen. Reden Sie nicht einfach ohne Punkt und Komma weiter. Wenden Sie sich bewusst und sorgfältig wieder Ihrer Präsentation zu. Falls es in der Situation passt, blättern Sie in Ihrem Präsentationsordner oder Ihren Unterlagen auf eine neue Seite um. Konzentrieren Sie sich jetzt auf ein anderes Thema als das, das Anlass des Einwands war. Senden Sie dem Gesprächspartner ein Signal, dass Sie weitermachen werden.

Wenn Sie diese sechs Schritte der Behandlung von Einwänden verinnerlichen, üben und korrekt anwenden, haben Sie einen weiteren großen Schritt auf Ihr Ziel zu gemacht, anderen etwas zu verkaufen, selbst wenn sie Einwände oder Bedenken äußern.

Teil III

Das Verkaufsgespräch positiv abschließen

»Sie starren sich jetzt schon zehn Minuten lang so an. Entweder wollen sie rausfinden, wer den anderen niederstarren kann, oder Lukas traut sich nicht, noch mal zu fragen, ob der Kunde kaufen will.«

In diesem Teil …

In diesem Teil erfahren Sie, wie Sie Ihre mühsame Vorarbeit auch Früchte tragen lassen und Ihren Verkaufsabschluss perfekt machen. Je nach Umständen und Bedürfnislagen Ihres Kunden stehen Ihnen Techniken zur Verfügung, mit denen Sie jedes Geschäft abschließen. Helfen Sie Ihren Kunden, die letzten Blockaden und Ängste zu überwinden, und machen Sie sich zum erfolgreichen Verkäufer.

Manchmal müssen Sie nur fragen

6

In diesem Kapitel

- ✔ Nach dem fragen, was Sie wollen
- ✔ Herausfinden, ob der Interessent zum Abschluss bereit ist
- ✔ Mit Geschick und Einfühlungsvermögen dem Interessenten über sein Zögern hinweghelfen

Der Abschluss ist der Moment des Verkaufens, der am meisten Spaß macht. Wenn Sie sich die Lehren dieses Buches zu eigen gemacht haben, wissen Sie, dass Sie vom ersten Schritt der Kontaktanbahnung an auf diesen einen Moment hinarbeiten. Der Abschluss ist die »Vollendung« des Verkaufs. Doch solange Sie Ihre auf den Abschluss bezogenen *Instinkte* nicht zu entsprechenden *Fähigkeiten* umgewandelt haben, improvisieren Sie in dieser entscheidenden Phase nur. Ich werde Ihnen helfen, Ihre Abschlussfähigkeiten zu perfektionieren.

Der wichtigste aller wichtigen Merksätze über das Verkaufen ist folgender: Wollen Sie den Verkauf abschließen, müssen Sie früher oder später danach fragen.

Häufig wird es demjenigen, der verkaufen will, in dem Moment, in dem er sein Angebot »auf den Tisch« legen soll, ein bisschen mulmig. Er verliert sein Selbstvertrauen, wenn sein Gegenüber nicht sofort den Wert des Produkts, der Dienstleistung oder der Idee begreift und auch nicht umgehend willens ist, es zu kaufen oder – bei Dienstleistungen – zu benutzen. Der Verlust des Selbstvertrauens schadet jedoch der Motivation des Verkäufers, die Transaktion auch wirklich abzuschließen. Mit anderen Worten, der Verkäufer traut sich nicht mehr, nach einer Entscheidung zu fragen oder eine andere Möglichkeit zu einer Vereinbarung ins Gespräch zu bringen.

Laut einer Umfrage unter Personen, die sich nicht zu einem Kauf überzeugen lassen wollten, war die häufigste Antwort interessanterweise: »Ich bin ja nie gefragt worden.« Sie wurden zwar angesprochen, es wurde ihnen ein Produkt oder eine Dienstleistung vorgestellt, und ihre Fragen (oder Einwände oder Bedenken) wurden auch beantwortet. In manchen Fällen waren diese Leute sogar vom Wert des Angebots überzeugt und hätten auch gekauft, aber es passierte einfach nichts mehr. Der Anbieter oder Verkäufer fragte sie nicht, ob sie bereit wären, eine Entscheidung zu treffen oder Geld dafür auszugeben, und deshalb verlief alles im Sande.

> ***Fragen kostet nichts – nicht fragen kostet den Abschluss***
>
> Lassen Sie die Tatsache, nicht die Abschlussfrage zu stellen, nie Grund dafür sein, dass ein potenzieller Kunde mit Ihnen nicht zum Abschluss kommt.

Den richtigen Zeitpunkt für die Abschlussfrage zu erkennen, ist genauso wichtig, wie die Frage überhaupt zu stellen. Manchmal warten Verkäufer in Verkaufssituationen so lange mit der Frage zum Abschluss, bis der richtige Zeitpunkt verpasst ist.

Um diesen richtigen Zeitpunkt einschätzen zu können, müssen Sie die *Kauftemperatur* des Interessenten messen. Das tun Sie, indem Sie eine »Besitzerfrage« stellen, etwa:

Nicht, dass ich Sie drängen möchte, aber wenn alles, was wir jetzt hier besprochen haben, Ihnen sinnvoll erscheint, ab wann wollten Sie anfangen, die Vorteile des neuen Computersystems zu nutzen?

Da Sie den Kunden durch Ihre Frage faktisch »drängen«, sollten Sie die Frage mit der abschwächenden Phrase »Nicht, dass ich Sie drängen möchte, aber …« einleiten. Ähnliches gilt für eine persönliche Frage: »Nicht, dass ich persönlich werden möchte, aber …« Natürlich werden Sie persönlich, aber, indem Sie es so umschreiben, drücken Sie einen gewissen Respekt vor der Privatsphäre des Kunden aus, und es gibt ihm die Möglichkeit, nicht zu antworten, wenn er sich dabei unwohl fühlt.

Sie sollten den Interessenten niemals absichtlich in eine Situation bringen, in der er sich unwohl fühlt, aber es gibt Verkaufssituationen, in denen Sie persönliche Fragen stellen müssen. Wenn der Interessent eine solche Frage begeistert und positiv aufnimmt, ist er wahrscheinlich zum Kauf bereit. Wenn solch eine Frage weitere Einwände und Bedenken nach sich zieht, ist er wahrscheinlich noch nicht bereit dazu, sich endgültig auf den Kauf festzulegen. Diese Strategie wird normalerweise als *Abschlussversuch* bezeichnet.

Wenn Sie Ihren Interessenten nach dem Abschluss fragen, stellen Sie einfach eine Frage, um zu bestätigen, was der Interessent will. Diese Art von Frage wird als *Bestätigungsfrage* bezeichnet. Im Folgenden zeige ich Ihnen mehrere Methoden, um den Grad des Interesses Ihres potenziellen Kunden zu bestätigen.

Bieten Sie Ihrem Interessenten Alternativen an

Bei dieser Strategie, der sogenannten *Alternativfrage*, bieten Sie dem Interessenten zwei Möglichkeiten zur Wahl an – doch beide führen zu einem Abschluss. Egal, wie sich der Interessent entscheidet, bringen Sie den Verkauf zum Erfolg, weil die Möglichkeit »Nein« in der Frage nicht vorgesehen ist. Dem Kunden positive Alternativen anzubieten, hilft ihm, sich auf das für ihn Vorteilhafte zu konzentrieren – und das ist doch genau das, was Sie wollen, oder?

Sie: »Herr Schmitz, welches Lieferdatum passt Ihnen besser, der 8. oder der 13.?«

Herr Schmitz: »Ich müsste die Ware bis zum 10. bei mir im Geschäft haben.«

Was passiert in diesem Dialog? Kann der Verkäufer das Lieferdatum einhalten, hat Herr Schmitz die Ware am zugesagten Datum. Wenn Herr Schmitz noch unsicher ist, wird er an diesem Punkt einen Einwand äußern oder versuchen, das Thema zu wechseln.

Hier ein weiteres Beispiel für diese Alternativfrage:

Verkäufer: »Herr Heimann, werden Sie derjenige sein, der in die Bedienung dieses neuen Geräts eingewiesen wird, oder wollen Sie damit einen Mitarbeiter beauftragen?«

Wenn Herr Heimann Ihnen mitteilt, wer die Schulung braucht, wissen Sie, dass er bereit ist zu kaufen.

Die falsche Schlussfolgerung

Die *falsche Schlussfolgerung* ist ein »Fehler«, den Sie absichtlich machen, um zu testen, wie ernst es dem Interessenten mit dem Kauf ist. Wenn der Interessent Sie nicht korrigiert, haben Sie während der Verhandlung Informationen verpasst, die Ihnen gezeigt hätten, dass Ihr Gesprächspartner gar nicht ernsthaft an einem Kauf interessiert ist. Wenn er Sie jedoch korrigiert, steigt seine Kauftemperatur. Mit diesem Test wollen Sie nur die Kauftemperatur des Interessenten messen, um festzustellen, ob Sie zum Abschluss weitergehen können.

Nehmen wir an, ein Verkäufer ist im Baubedarfshandel tätig und sizt gerade bei einem potenziellen Kunden, genauer einem Ehepaar, zu Hause. Er hört, wie die Frau sagt: »Schatz, meine Mutter wollte im Juli zu uns kommen. Wenn wir uns heute entscheiden, was wir haben wollen, dann könnten wir bis Juli mit allem fertig sein.« Viele Verkäufer würden diesen Satz einfach ignorieren oder als Unterbrechung werten, aber der Profi hört ihn und merkt ihn sich. Später, wenn der Abschluss bevorsteht, könnte er die Frau anlächeln und mit einer falschen Schlussfolgerung den folgenden Dialog einleiten:

Verkäufer: »Ich habe den Eindruck, Sie sind begeistert von dieser Sache. Sagten Sie nicht, dass Ihre Mutter im August zu Ihnen kommen will?«

Kunde: »Nein, im Juli.«

Verkäufer: »Also wäre die erste Woche im Juni der beste Termin, um mit dem Einbau anzufangen?«

Kunde: »Ja.«

Verkäufer: »Moment, das notiere ich mir kurz.«

Natürlich *wusste* der Verkäufer, dass die Mutter im Juli kommen wollte, sagte aber absichtlich *August*, weil er wusste, dass die Ehefrau ihn korrigieren würde. Dann könnte er, wenn sie ihm den richtigen Monat nennt, den Verkaufsprozess vorantreiben und nach dem besten Zeitpunkt für den Umbau des Hauses fragen und damit dem Abschluss einen Schritt näher kommen.

Mit falschen Schlussfolgerungen können Sie alles Mögliche testen. So hätte die Ehefrau sagen können: »Also ein Panorama-Fenster in der Südwand würde mir gefallen.« Später kann der Verkäufer diese Aussage aufgreifen, um mit einer falschen Schlussfolgerung die Kaufbereitschaft zu testen:

> *Verkäufer: »Also, lassen Sie uns mal überlegen. Sie wollten das Fenster gerne in der Ostwand haben, oder?«*
>
> *Ehefrau: »Nein, nein, in der Südwand!«*
>
> *Verkäufer: »Ach ja, richtig. Das notiere ich mir kurz.«*

Sie können die falschen Informationen auch aufschreiben. Wenn Ihr Interessent Sie korrigiert und Sie den Fehler in Ihren Unterlagen berichtigen lässt, können Sie dies als Zeichen werten, dass er kaufwillig ist.

Testen, nicht lügen

Der Zweck dieser Methode besteht nicht darin, den Kunden zu belügen oder auszutricksen – das würde ich Ihnen nie empfehlen. Sie sollen so nur testen, ob der Kunde wirklich ernsthaft an einem Kauf interessiert ist. Er würde Sie nicht korrigieren, wenn er das nicht wäre.

Die Heiße-Kartoffel-Technik

Was würden Sie tun, wenn ich Ihnen eine heiße Kartoffel zuwerfen würde? Wahrscheinlich würden Sie instinktiv entweder wegspringen oder sie fangen und so schnell wie möglich zurückwerfen. Auf ähnliche Art können Sie diese *Heiße-Kartoffel-Technik* im Verkaufsgespräch anwenden. Stellt Ihnen Ihr Gesprächspartner eine Frage, geben Sie ihm einfach eine weitere Frage zu seiner Frage zurück.

Das folgende Beispiel zeigt die Anwendung dieser Heiße-Kartoffel-Technik bei einem Autohändler. Eine junge Frau schlendert durch die Reihen der Autos und hält offensichtlich Ausschau nach einem Cabrio. Plötzlich bleibt sie stehen, zeigt auf einen Wagen und sagt: »An diesem Cabrio wäre ich interessiert. Haben Sie das auch in Rot?« Der durchschnittliche Verkäufer würde jetzt sagen: »Wenn wir es nicht in Rot haben, könnte ich herumtelefonieren und Ihnen schnell ein Modell in Rot besorgen.« Wenn ein Verkäufer eine solche Aussage macht, versucht er dann wirklich, sich selbst oder dem Kunden zu helfen? Er versucht, sich selbst zu helfen, indem er sich bemüht, den Verkauf so schnell wie möglich abzuschließen. Außerdem übt der Verkäufer mit seiner Antwort Druck auf die Interessentin aus.

Die wirkliche Kraft beim Verkaufen liegt darin, den Interessenten mit Fragen zu locken.

Im Gegensatz zu dem mittelmäßigen Verkäufer würde ein Meisterverkäufer antworten:

Verkäufer: »Möchten Sie den Wagen in Tomatenrot oder in Preiselbeerrot?«

Wie wird die Interessentin auf diese Frage des Verkäufers reagieren? Sie hat bereits gesagt, dass sie an dem Wagen interessiert ist und dass sie ihn in der Farbe Rot haben will. Deshalb wird sie sich wahrscheinlich für die eine oder die andere Farbnuance entscheiden. Damit ist er dem Moment einen Schritt nähergekommen, in dem sie ihre Unterschrift unter den Kaufvertrag setzt.

Den richtigen Zeitpunkt für die Abschlussfrage erkennen

Die entscheidende Frage in jeder Verkaufssituation lautet: »Wann sollten Sie den Verkauf abschließen?« Hier einige positive Kaufsignale, auf die Sie achten sollten:

- ✔ **Die Kunden haben während Ihrer Präsentation bisher ein gleichmäßiges Tempo vorgelegt, aber auf einmal werden sie ein bisschen langsamer.** Sie machen ihre Schlussanalyse, um sich über ihre Entscheidung klar zu werden.
- ✔ **Sie machen plötzlich ein bisschen mehr Dampf**. Sie sind wild darauf, zum Abschluss zu kommen.
- ✔ **Plötzlich fangen die Kunden an, viele Fragen zu stellen**. Wie alle anderen fragen Ihre Kunden auch nur nach Dingen, die sie wirklich interessieren.

Wenn Sie derartige Kaufsignale bemerken, stellen Sie eine Testfrage, um sicherzugehen, dass Sie die positiven Zeichen richtig gedeutet haben. Sie bekommen dann entweder seine Bestätigung, bei der Sie mit dem Abschluss fortfahren, oder einen Einwand, den Sie entkräften müssen.

Techniken für den Abschluss 7

In diesem Kapitel

- ✔ Das Geschäft zum Abschluss bringen
- ✔ Eine höhere Autorität für sich einsetzen

Der Abschluss ist das Ziel aller Anstrengungen, mit dem sich Ihre Arbeit auszahlt und Sie – und Ihr Kunde – die Belohnung einfahren. Wenn Sie nicht gerade das allerneueste Hightech-Spielzeug von Apple Computer verkaufen, das jeder haben muss, um in zu sein, werden Sie wahrscheinlich das Wort *nein* recht häufig hören.

Tatsächlich sagt der Durchschnittskäufer etwa fünfmal »Nein« zu einem neuen Produkt, bevor er dessen Kauf ernsthaft in Erwägung zieht (damit meine ich: bevor er »Ja« sagt). Wenn Sie als Verkäufer nur ein oder zwei Möglichkeiten kennen, ihn um das Geschäft zu bitten, gehen Ihnen Ihre Abschlussmethoden aus, bevor er seine Ablehnungsmethoden ausgeschöpft hat.

Aufzeichnungen sind Erinnerungshilfe und wirken professionell

Verwenden Sie immer einen Notizblock und Ihre Unterlagen, um Notizen zu machen – und lassen Sie sich jederzeit von Ihrem Interessenten beim Aufschreiben der Notizen unterbrechen. Sich von ihm unterbrechen zu lassen, tut nicht weh, sondern hilft Ihnen. Ihr Wunsch, sich Notizen zu machen, zeigt dem Interessenten, dass Sie ein professioneller Verkäufer sind, der weiß, wie man Dinge erledigt.

Der einfache mündliche Abschluss

Wenn Sie persönlich mit einem Interessenten reden, haben Sie die perfekte Gelegenheit, den Verkauf durch Ihr Gespräch abzuschließen. Hier ein Beispiel für eine einfache Abschlussaussage:

Herr Schmitz, Frau Schmitz. Ich freue mich, Ihnen auf dem Weg zu größerer finanzieller Unabhängigkeit behilflich sein zu können. Mit Ihrem Einverständnis können wir dies sofort erledigen.

Achtung! Nicht den Moment verpassen!

Wenn Sie sicher sind, dass alles in Ordnung ist und alle Karten auf dem Tisch liegen, fragen Sie nach dem Auftrag. Hören Sie auf, weiter zu verkaufen – dies ist einer der größten Fehler, den Neulinge im Verkauf machen. Sie erkennen nicht immer, wann sie abschließen können, sondern reden einfach weiter, führen ihr Produkt noch einmal vor oder wechseln sogar das Thema, während sie nach Gründen suchen, länger in der Gegenwart ihrer Interessenten zu bleiben.

Der einfache schriftliche Abschluss

Wenn Sie bei Ihrer Verkaufstätigkeit Bestellformulare verwenden, funktioniert diese Abschlusstechnik besonders gut. Gehen Sie mit einer Ledermappe zu Ihrem Interessenten, die ein vorbereitetes leeres Bestellformular enthält. Dann können Sie im entscheidenden Moment mit einem Griff das Formular aufschlagen. Die Situation könnte etwa folgendermaßen ablaufen:

Kunde: »Haben Sie das auch in hellem Holz?«

Verkäufer: »Ist helles Holz für Ihre Einrichtung das Passende?«

Kunde: »Ja. Ich finde, das wird toll aussehen.«

Verkäufer: »Moment, das notiere ich mir kurz.«

Sie tragen seine Vorliebe für helles Holz sofort in das Bestellformular ein. Doch Vorsicht: Manche Leute geraten in Panik, wenn sie sehen, wie Sie ein Formular ausfüllen.

Kunde: »Was machen Sie da? Ich habe doch noch gar nichts gekauft.«

Verkäufer: »Herr Schmitz, ich ordne nur meine Gedanken, damit alles richtig abläuft. Ich tue das hier auf dem Papier, damit ich es nicht vergesse.«

Füllen Sie das Formular im Laufe Ihres Gespräches immer weiter aus. Am Ende werden Sie fast alle Einzelheiten aufgenommen haben. In den meisten Fällen reicht der Schwung, den Sie mit dem Ausfüllen des Formulars aufgebaut haben, aus, um die Zustimmung des Interessenten zu erhalten. Wenn sich der Interessent daran gewöhnt hat, Ihnen beim Ausfüllen des Bestellformulars zuzuschauen, haben Sie es fast geschafft.

Berufung auf eine höhere Autorität

Jeder zufriedene Kunde ist für einen anderen Interessenten potenziell eine höhere Autorität. Diese Abschlusstechnik macht sich diese Tatsache zunutze. Sie ist sehr wirksam, wenn Sie sie gut beherrschen und korrekt einsetzen. Egal, welches Produkt oder welche Dienstleistung Sie verkaufen, Sie müssen nur die entsprechenden Formulierungen in Ihren Verkaufsstil einbauen.

Die Reflexfrage

Beginnen Sie jede Abschlussphase mit einer Reflexfrage – also mit einer Frage, die der Kunde reflexartig, ohne nachzudenken beantworten kann, etwa: »Haben Sie einen zweiten Vornamen?«

Wenn Sie mit einem leitenden Angestellten eines Unternehmens verhandeln, ist eine gute Reflexfrage die nach dem vollen Namen und der Anschrift des Unternehmens. Wenn er Ihnen dann seine Visitenkarte gibt und Sie alle Informationen abschreiben lässt, müssen Sie zum nächsten Schritt übergehen. Herzlichen Glückwunsch!

Die *höhere Autorität* muss genau das sein, was diese Worte ausdrücken – jemand, den der Interessent kennt und respektiert. Der Interessent muss diese höhere Autorität nicht persönlich kennen, aber er sollte von seiner Existenz und seiner Position gehört haben. Wenn Sie Industrieausrüstungen verkaufen, könnte ein prominenter Entscheidungsträger einer großen, renommierten Firma diese Rolle spielen. Wenn Sie Werbung verkaufen, sollte es eine bekannte Persönlichkeit aus dem Geschäftsleben sein.

Hier die einzelnen Schritte, um so zum Abschluss zu kommen:

1. **Wählen Sie die höhere Autorität.**

   Sie sollten ständig nach Kunden Ausschau halten, die die Rolle der höheren Autorität spielen könnten. Ein

Geschäftsmann, der mit Ihrem Produkt oder Ihrer Dienstleistung in der Vergangenheit sehr zufrieden war, wäre eine ideale höhere Autorität für andere potenzielle Kunden.

2. **Bitten Sie diese Autoritätsperson um Unterstützung.**

   Wenn Sie die Person höflich ansprechen, wird Ihr Anliegen bestimmt nicht abgeschlagen; denn Sie haben sowohl beim Verkauf als auch später beim Kundendienst gute Arbeit geleistet. Außerdem: Ein kleines Geschenk für diese Zusage der Unterstützung wäre sicher angebracht.

3. **Planen Sie Ihre höhere Autorität ein.**

   Während Ihrer Verhandlungen mit einem potenziellen Kunden kommen Sie zu dem Schluss, Sie könnten die Unterstützung der höheren Autorität brauchen. Deshalb rufen Sie sie an und fragen, ob sie für ein kurzes Telefonat aus dem Büro des Interessenten erreichbar wäre. Sagt sie zu, bauen Sie ihre Unterstützung in eine überzeugende Präsentation für den Kunden ein.

4. **Bauen Sie das Zeugnis der höheren Autorität wirksam in Ihre Präsentation ein.**

   Sie wissen, dass der potenzielle Kunde wahrscheinlich ähnliche Bedenken äußern wird wie seinerzeit die höhere Autorität. Wenn Sie in Ihren Verhandlungen alle Fragen beantwortet haben und Sie sich beide einig sind, ist der geeignete Zeitpunkt gekommen, die höhere Autorität ins Spiel zu bringen.

Sie: »Kennen Sie Frau Großmann von der Marktforschung und Mehr GmbH?«

Herr Phillips: »Nein, aber ich habe von dem Unternehmen gehört.«

Sie: »Frau Großmann ist die Geschäftsführerin und eine gute Kundin von mir. Wenn es Ihnen hilft, eine Frage zu klären, könnten wir Frau Großmann jetzt anrufen, und Sie könnten sich bei ihr wegen Ihrer Bedenken gegenüber unserer Anlage und unseres Kundendienstes erkundigen. Sie hatte nämlich seinerzeit genau die gleichen Bedenken, bevor sie sich für unser System entschied.«

Wenn Sie Frau Großmann am Apparat haben, sagen Sie ihr: »Ich bin hier bei der Südwest-Werbung im Büro von Herrn Phillips; er hat einige Fragen über unsere Computeranlage.« Dann übergeben Sie den Hörer und lassen Sie Herrn Phillips weitermachen.

5. **Schließen Sie den Kauf nach dem Anruf ab.**

   Nachdem die höhere Autorität alle Details mit dem potenziellen Kunden besprochen und ihm versichert hat, dass sie hochzufrieden ist, werden die letzten Bedenken ausgeräumt sein. Sie werden nur noch zu lächeln und zu fragen brauchen: »Übrigens, welches Lieferdatum würde Ihnen besser passen, der 1. oder der 10.?«

Abschlussfragen und Aussagen 8

In diesem Kapitel

- ✔ Blockaden und Ängste des Interessenten überwinden
- ✔ Strategien für den gelungenen Abschluss

Beim Abschluss von Verkäufen kommen Sie möglicherweise in Situationen, in denen der Interessent den Abschluss blockiert oder sich hinter einer Mauer von Ängsten verbirgt. Deshalb zeige ich Ihnen in den folgenden Abschnitten genau, wie Sie dem Interessenten helfen können, die Blockade zu überwinden, damit er keine weiteren Einwände oder Bedenken hat … und Sie den Verkauf abschließen können.

Einfühlungsvermögen ist gefragt

Einfühlungsvermögen (Mitgefühl, Empathie) ist beim professionellen Verkaufen von höchster Bedeutung. Wenn Sie Einfühlungsvermögen besitzen, können Sie sich in die Rolle des anderen versetzen, wissen und fühlen, was er fühlt. Beim Verkaufen müssen Ihre Kunden spüren, dass Sie sie wirklich verstehen und dass Sie sich bemühen, ihre Probleme zu lösen und nicht nur an einem Verkauf interessiert sind. Als professioneller Verkäufer müssen Sie die Vorteile, die Eigenschaften, aber auch die Grenzen Ihres Produkts oder Ihrer Dienstleistung vom Standpunkt des Kunden aus sehen können.

Die Entscheidungsstrategie

Die Entscheidungsstrategie, bei der Sie eine Liste der positiven und negativen Faktoren erstellen, die für beziehungsweise gegen eine Möglichkeit sprechen, wurde von Benjamin Franklin entwickelt. Seither haben Millionen von Menschen sie erfolgreich angewendet. Jeder wird die Wirksamkeit dieser Strategie sofort verstehen, weil sie so einfach und leicht verständlich ist, dass sie selten ihre Wirkung verfehlt.

Folgendes Beispiel soll die Anwendung dieser Strategie in einer Verkaufssituation demonstrieren. Herr und Frau Schmitz sitzen in einem Maklerbüro:

> *Verkäufer: »Meinen Sie, dass das Haus in der Schildstraße die beste Wahl für Ihre Familie ist?«*
>
> *Herr Schmitz (zögernd, unverbindlich): »Das Haus ist recht teuer. Ich bin mir nicht sicher, ob ich das zum jetzigen Zeitpunkt entscheiden kann.«*

Bis zu diesem Zeitpunkt hatte der Verkäufer bereits viele Fragen gestellt und ist jetzt so weit, die Antworten für sich arbeiten zu lassen, um den Verkauf abzuschließen. Er sieht, dass Herr und Frau Schmitz wirklich keine endgültige Entscheidung treffen wollen. Sie sind von dem Haus beeindruckt, sie müssen schnell mit der Familie umziehen, und rechnerisch stimmt auch alles. Aber sie wollen sich nicht auf das neue Haus festlegen. Anders ausgedrückt: Sie verhalten sich wie ganz normale Käufer. Dies ist eine perfekte Gelegenheit, die Entscheidungsstrategie einzusetzen. Bitten Sie den Kunden, gemeinsam mit Ihnen die Fakten gegeneinander abzuwägen und erzählen Sie ruhig die Anekdote über Benkamin Franklin:

Verkäufer: »Erst kürzlich musste ich an einen Mann denken, den die Amerikaner für einen ihrer weisesten Landsleute halten – Benjamin Franklin. Wissen Sie, was der tat, wenn er sich bezüglich einer Entscheidung nicht sicher war? Er nahm ein Stück Papier, und auf eine Hälfte des Blattes schrieb er alle Argumente, die für die Entscheidung sprachen, und auf die andere Hälfte die, die dagegen sprachen. Dann summierte er einfach die Gründe auf jeder Seite, um zu sehen, welche Entscheidung besser war.

Ich habe diese Benjamin-Franklin-Methode ausprobiert, und zwar nicht nur in meinem Beruf, sondern auch privat. Bald hat meine ganze Familie alle möglichen Entscheidungen mit dieser Methode getroffen. Wäre es in Ordnung, wenn wir das gleich jetzt einmal probieren würden, um ein Gefühl für die Fakten zu bekommen, die Ihre Entscheidung beeinflussen? Die Gründe für die Entscheidung kommen auf die eine Hälfte des Blattes, alle Gründe dagegen auf die andere. Dann können Sie beide Spalten zusammenzählen, und die richtige Entscheidung sollte dann klar sein.«

Herr Schmitz: »Ja, einverstanden.«

Notieren Sie die einzelnen Punkte mit einem Häkchen, schreiben Sie aber nicht ihre tatsächlichen Gründe auf. Sie halten nur fest, *wie viele* es im Moment gibt. Setzen Sie sich ein Ziel zwischen sechs und zehn Punkten auf der Plus-Seite. Wenn Sie zu diesem Zeitpunkt noch keine zehn Punkte erreicht haben, greifen Sie zu Ihren Notizen und erinnern Sie die Interessenten an andere Punkte, die noch in die Plus-Spalte gehören.

Wenn Sie Ihr Ziel von zehn Gründen für die Entscheidung erreicht haben, machen Sie folgendermaßen weiter:

Verkäufer (objektiv und fair): »So, wie viele Gründe haben wir jetzt auf der Negativ-Seite?«

Herr Schmitz (seufzt schwer): »Also, für uns ist die Höhe der Anzahlung das Hauptproblem. Sie würde alles auffressen, was wir angespart haben.«

Verkäufer: »Okay. Was sonst noch?«

Herr Schmitz: »Wir waren eigentlich auf der Suche nach einem Haus mit Solarheizung.«

Verkäufer: »Das sind beides gute Gründe, Herr Schmitz. Gibt es noch andere?«

Nach einer Pause wird klar, dass Herr und Frau Schmitz keine anderen Gründe mehr dagegen vorbringen. Sie haben dem Verkäufer den Hauptgrund dafür gesagt, was sie vom Kauf dieses Hauses abhält. Er braucht zu diesem Zeitpunkt gar nicht mehr auf diese Einwände einzugehen, weil er nur wissen will, ob Herr und Frau Schmitz dieses Haus wirklich gerne haben würden. Wenn diese Entscheidung getroffen ist, kann er die Finanzierungsdetails immer noch so ausarbeiten, dass sie sich das Haus auch leisten können. Deshalb sagt er:

Verkäufer: »Gut. Warum zählen wir die Punkte der beiden Spalten nicht einfach zusammen und schauen, was dabei herauskommt?«

Dann zeigt er ihnen die Liste, und zusammen zählen sie laut die Punkte zusammen. »10 mal Ja, 2 mal Nein.«

Verkäufer: »Herr und Frau Schmitz, meinen Sie nicht, dass die Antwort ziemlich offensichtlich ist?«

Bewahren Sie die Ruhe

Nachdem Sie diese Frage gestellt haben, sollten Sie mit einer längeren Pause des Schweigens rechnen. Wichtig ist, dass Sie den Mund halten und nichts mehr sagen, was den Kunden davon ablenken könnte, Ihre Frage nach seiner Entscheidung zu beantworten.

Ihre Interessenten reagieren mit einer der folgenden drei Verhaltensweisen:

- ✔ Sie werden versuchen, die Entscheidung aufzuschieben, indem sie um mehr Zeit bitten oder eine Frage stellen, um das Thema erst mal zu wechseln.
- ✔ Sie entscheiden sich für den Kauf.
- ✔ Sie äußern einen Einwand.

In dieser Situation herrscht eine Zeit lang Schweigen im Raum, während Herr und Frau Schmitz nachdenken. Schließlich antwortet Herr Schmitz mit einer Verzögerungstaktik.

Herr Schmitz: »Wir gehören zu den Leuten, die über etwas so Schwerwiegendes erst mal in Ruhe nachdenken müssen.«

Stoßen Sie auf einen solchen Verzögerungsversuch, sollten Sie vielleicht die Geschichte aus dem folgenden Abschnitt erzählen, um ihn zu überwinden.

Den letzten Einwand hinter einer vagen Verzögerung erkennen

Wie verhalten Sie sich in einer Situation, in der der Interessent absolut darauf besteht, die Sache zu überdenken? Greifen wir die Geschichte aus dem vorhergehenden Abschnitt auf, in der Herr und Frau Schmitz über den Kauf des Hauses nachdenken müssen. Der Verkäufer sollte folgendermaßen fortfahren:

Verkäufer: »Das ist gut. Offensichtlich würden Sie sich nicht die Zeit nehmen, noch einmal gründlich darüber nachzudenken, wenn Sie nicht ernsthaft an dem Haus interessiert wären, oder?«

Herr Schmitz (bestätigend, aber entschlossen, Zeit zu gewinnen): »Oh ja, wir sind daran interessiert. Aber wir müssen wirklich noch einmal darüber nachdenken, bevor wir uns entscheiden.«

Verkäufer: »Da Sie offensichtlich wirklich Interesse haben, darf ich doch annehmen, dass Sie es sehr sorgfältig bedenken.«

Herr Schmitz: »Natürlich, das werden wir tun.«

Verkäufer: »Herr Schmitz, Sie sagen das jetzt nicht nur, um mich loszuwerden, oder?«

Herr Schmitz (höflich, aber immer noch entschlossen, Zeit zu gewinnen): »Nein. Ich versuche nicht, Sie loszuwerden. Das Haus gefällt uns sehr gut, aber wir müssen es uns noch überlegen.«

Verkäufer (versucht, die Kommunikation in Gang zu halten): »Nur damit ich es wirklich verstehe: Was genau an diesem Haus müssen Sie noch einmal überdenken? Ist es der Wert des Hauses? Ist es die Nachbarschaft?«

Fragen Sie nach folgendem Muster nach den Vorteilen des Hauses, die den Interessenten, soweit Sie wissen, gefallen: »Ist es (der und der Vorteil)?« Natürlich muss der Kunde verneinen; denn der angesprochene Vorteil kann nicht der Grund für sein Zögern sein. Mit jedem »Nein« des Interessenten kommen Sie seinem endgültigen »Ja« ein Stück näher. Wenn Herr und Frau Schmitz so jeden Vorteil verneint haben, worüber sollten sie noch nachdenken wollen? In den meisten Fällen hängt die Entscheidung vom Geld ab.

Verkäufer: »Könnte es die Finanzierung oder Ihre Anzahlung sein, worüber Sie noch nachdenken müssen?«

Frau Schmitz (als wäre ihr ein Rettungsring zugeworfen worden): »Ja. Wir möchten vielleicht noch ein Kind haben und sind uns deshalb nicht sicher, ob wir zum jetzigen Zeitpunkt eine so große finanzielle Belastung eingehen sollten.«

Jetzt hat der Verkäufer eine konkrete Vorstellung, welches Hindernis genau zwischen ihm und dem Abschluss steht. Dieses Vorgehen zeigt, wie alle Verkaufsverhandlungen gehandhabt werden sollten: in einer entspannten, freundlichen und professionellen Manier. Sie schaffen eine erfolgreiche Verkaufsumgebung nicht nur durch das, was Sie sagen, sondern auch dadurch, *wie* Sie es sagen.

Auf »Es ist zu teuer« reagieren

Haben Sie herausgefunden, dass der Geldeinwand das letzte Hindernis für einen Abschluss ist, eignet sich folgende Technik ideal. Sie hilft sowohl Ihnen als auch dem Kunden, diesen riesigen Geldbetrag, vor dem sie so viel Angst haben, in viel kleinere Beträge zu zerlegen, die man mental besser bewältigen kann.

Um Ihnen diese Technik zu erläutern, kehren wir wieder zu Herrn und Frau Schmitz im Maklerbüro zurück.

> *Frau Schmitz: »Ich habe einfach das Gefühl, dass das Haus für uns zu teuer ist.«*
>
> *Verkäufer (immer auf der Suche nach bestimmten Hindernissen auf dem Weg zum »Ja«): »Heutzutage scheinen die meisten Dinge zu teuer zu sein. Können Sie mir sagen, was genau für Sie zu teuer bedeutet?«*

Heben Sie die Differenz hervor

Verkäufer neigen dazu, den Gesamtbetrag zu sehen, wenn sie den Satz »Es ist zu teuer« hören. Diese Sichtweise führt in die falsche Richtung. Anstatt den Gesamtbetrag anzusprechen, sollten Sie die *Differenz* betonen. Wenn jemand 20.000 Euro für ein Auto ausgeben will, das Auto jedoch 22.000 Euro kosten soll, sind nicht die 20.000 Euro das Problem, sondern es ist die Differenz von 2.000 Euro.

> *Frau Schmitz: »Eigentlich wollten wir etwa 110.000 Euro ausgeben und nicht 115.000 Euro.«*
>
> *Verkäufer: »Also, Herr und Frau Schmitz, wir sprechen tatsächlich über 5.000 Euro, oder?«*

Herr Schmitz: »5.000 Euro, richtig. Das ist genau der Betrag, der mir Sorgen macht.«

Jetzt hat der Verkäufer Herrn und Frau Schmitz so weit gebracht zuzugeben, dass ihr eigentliches Problem in den 5.000 Euro besteht. Und er ist bereit, mit der Geschichte aus dem folgenden Abschnitt fortzufahren, wo er ihnen zeigt, wie wenig Geld dies in Wirklichkeit ist.

Kosten auf einen lächerlichen Betrag reduzieren

Wenn Sie den genauen Betrag kennen, der Ihrem Interessenten Sorgen macht, können Sie mit ihm daran arbeiten, den Betrag im rechten Licht zu sehen und herauszufinden, wie er dieses Geldproblem lösen kann, um zu bekommen, was er wirklich will – Ihr Produkt oder Ihre Dienstleistung. Beginnen Sie damit, dass Sie ihm Ihren Taschenrechner geben. Das ist eine gute Methode, ihn einzubeziehen, wenn Sie die Finanzierung ausrechnen.

Kommen wir auf Herrn und Frau Schmitz im Maklerbüro zurück:

Verkäufer (fragt, was Frau Schmitz bereits weiß): »Frau Schmitz, können wir also davon ausgehen, dass dies hier Ihr Traumhaus ist und dass Sie hier lange Zeit gerne glücklich sein würden, vorausgesetzt, alles andere ist geregelt?«

Frau Schmitz: »Wahrscheinlich. Es wäre ein wunderschöner Ort, um die Kinder großzuziehen.«

Verkäufer: »Gehen wir einmal davon aus, dass Sie in diesem schönen Haus 20 Jahre wohnen werden. Wäre das realistisch?«

Herrn und Frau Schmitz: »20 Jahre ... Ja, davon können wir ausgehen.«

Verkäufer: »Jetzt teilen wir die 5.000 Euro durch 20, dann kommen wir auf 250 Euro, richtig?«

Herr Schmitz: »Ja.«

Verkäufer: »Können wir jetzt annehmen, dass Sie sich pro Jahr ca. 50 Wochen in Ihrem Haus aufhalten werden, wobei ich zwei Wochen für den Urlaub abgezogen habe?«

Herr Schmitz (zustimmend): »Das klingt vernünftig.«

Verkäufer: »Jetzt teilen wir 250 Euro durch 50 Wochen. Das bedeutet 5 Euro pro Woche. Da wir 7 Tage pro Woche haben, teilen wir die 5 Euro durch 7. Was bekommen wir dann heraus?«

Frau Schmitz (etwas verlegen in Ahnung des lächerlichen Betrags): »Etwa 71 Cent.«

Der Verkäufer hat erreicht, dass Herr und Frau Schmitz einsehen, dass sie sich über etwa 71 Cent pro Tag Sorgen machen. Ziemlich lächerlich, oder?

Einen indirekten Vergleich bringen

Bei einem indirekten Vergleich helfen Sie Ihrem Interessenten zu verstehen, dass er sich Ihr Angebot einfach dadurch leisten kann, dass er zeitweilig auf irgendeinen kleinen Luxus verzichtet, um einen viel größeren Nutzen zu bekommen.

Der Taschenrechner – ein unverzichtbares Utensil

Profis benutzen bei ihrer Verkaufsmathematik immer einen Taschenrechner. Egal, wie viel Sie von Ihren rechnerischen Fähigkeiten halten, benutzen Sie immer einen Taschenrechner.

Ein Kunde, der sieht, wie Sie die Zahlen in den Rechner tippen, wird diese Zahlen wahrscheinlich nicht infrage stellen; wenn Sie aber stattdessen anfangen, wild Zahlen auf Papier zu schreiben und per Hand zu rechnen, wird der Interessent sich bald unwohl fühlen. Noch schlimmer: Wenn Sie Zahlen aus dem Kopf herunterzurasseln, wird Ihr Interessent an Ihnen zweifeln. Anstatt aufmerksam Ihrer Präsentation zuzuhören, wird er Ihnen über die Schulter sehen, um Ihre Rechnerei nachzuprüfen. Arbeiten Sie mit einem Taschenrechner, wird er sich einzig auf die Zahlen konzentrieren, mit denen Sie ihm zeigen, dass er sich Ihr Produkt wirklich leisten kann.

So wendet der Verkäufer diese Technik bei dem Hauskauf an:

Verkäufer (bietet eine Vergleichsmöglichkeit an): »Herr Schmitz, trinken Sie und Ihre Familie viel Limonade?«

Herr Schmitz: »Sicher. Sie wissen doch, wie Kinder sind. Ein Sechserpack pro Tag dürfte es schon sein.«

Verkäufer: »Und wie viel kostet ein Sechserpack heutzutage?«

> *Herr Schmitz: »Etwa zwei Euro.«*
>
> *Verkäufer: »Herr und Frau Schmitz, finden Sie nicht, dass es 71 Cent am Tag wert sein dürfte, in so einem wunderschönen Haus zu wohnen? Sollten wirklich diese 71 Cent pro Tag Sie daran hindern, dort wundervolle Erinnerungen zu sammeln, wenn es Sie tatsächlich weniger kostet als drei kleine Flaschen Limonade pro Tag?«*
>
> *Herr Schmitz: »So gesehen ist dieser Betrag wirklich nicht groß.«*
>
> *Verkäufer: »Also sind wir uns einig, oder? Jetzt müssen wir noch überlegen, wie Sie bis zu den Ferien am günstigsten aus Ihrem jetzigen Haus aus- und in Ihr **Traumhaus** einziehen können, damit Sie und Ihre Familie sofort mit der **Sammlung Ihrer Erinnerungen anfangen** können. Übrigens, würde Ihnen der 10. oder der 12. für den Abschluss besser passen?«*

Achten Sie auf die Worte, die ich hervorgehoben habe. Die Wortwahl soll im Bewusstsein des Interessenten angenehme Vorstellungen hervorrufen. Nehmen Sie dem Beispiel zuliebe an, dass Herr und Frau Schmitz vorher gesagt hatten, dass sie am 1. November in ihrem neuen Heim sein wollten. Das gibt dem Verkäufer einen Aufhänger, um die bevorstehende Weihnachtszeit zu erwähnen, eine Zeit, die bei Käufern fast immer sentimentale Gefühle weckt.

Eine ähnliche Situation zitieren

Es gibt kaum eine bessere Methode, die Ängste Ihrer potenziellen Kunden zu zerstreuen, als ihnen die Geschichte eines anderen Paares zu erzählen, das genau die gleichen Bedenken hatte, sich dann aber trotzdem zum Kauf entschieden hat und mit dieser Entscheidung nun sehr glücklich ist. Das folgende Beispiel enthält eine Geschichte, die Sie Ihren Interessenten erzählen können, wenn diese wegen irgendwelcher Bedenken vor dem Abschluss zurückschrecken:

Herr und Frau Müller, ich weiß, dass Sie Bedenken wegen der finanziellen Belastung haben, die dieser Hauskauf mit sich bringen wird, vor allen Dingen jetzt, wo Sie Ihr erstes Kind erwarten. Ungefähr vor einem Jahr hatte ich unter meinen Kunden auch so eine Familie, die lange auf der Suche nach einem für sie idealen Haus war.

Eines Tages fanden wir ein wunderschönes Haus, und die beiden waren begeistert. Marco war für den Kauf, aber Lisa hatte etwas Angst, dass das Haus zu groß für sie sein könnte. Sie meinte, sie kämen auch mit einem kleineren Haus zurecht, und sie wollte vor der Geburt ihres Kindes eigentlich nicht mehr umziehen.

Sie beschlossen dann doch, das Haus zu kaufen und stellten dann erstaunt fest, wie viel Platz die Sachen für das Baby brauchten, sodass sie zugaben, dass ihre Entscheidung für das größere letztendlich die richtige Entscheidung gewesen war.

Sie möchten doch bestimmt auch in Ihrem neuen Haus schon alles fertig eingerichtet haben, bevor das Baby kommt, oder?

Notieren Sie sich die Geschichten über Ihre anderen zufriedenen Kunden, die Sie in Situationen erzählen könnten, in denen Ihre jetzigen Interessenten ähnliche Bedenken und Ängste haben wie damals diese Kunden.

Auf Wettbewerbsvorteile anspielen

Wenn sich ein Interessent nicht für Ihr Angebot entscheiden will, können Sie ihm eine Geschichte über Wettbewerbsvorteile erzählen, um ihn zum Kauf zu bewegen. Dabei müssen Sie keine großen Geschichten erfinden. Sie sollen den Kunden auch nicht dazu überreden, etwas zu kaufen, was er nicht will und nicht braucht. Diese Geschichten sollen Interessenten (nur Geschäftsleute, nicht Privatpersonen) nur daran erinnern, dass sie Konkurrenten haben. Wenn Sie Ihren Interessenten damit nichts Neues mehr erzählen können, woran appellieren Sie dann mit einer Geschichte über Wettbewerbsvorteile? Kurz gesagt: *an seinen Überlebenswillen*.

Eine kleine Geschichte über Wettbewerbsvorteile wie die folgende kann gut funktionieren:

Sie: »Herr Müller, denken Sie daran, dass Ihre Mitbewerber heute vor denselben Herausforderungen stehen wie Sie. Ist es nicht interessant, dass, obwohl alle Unternehmen in der gleichen Branche tätig und denselben Kräften ausgesetzt sind, einige Firmen mit den Herausforderungen besser zurechtkommen als andere? Mein ganzes Anliegen bestand heute darin, Ihnen zu helfen, einen Wettbewerbsvorteil vor Ihren Mitbewerbern zu bekommen. Einen Wettbewerbsvorteil zu erringen, egal wie groß oder wie klein, ist geschäftlich doch immer sinnvoll, oder?«

Interessenten sind ganz normale Menschen. Sie brauchen Hilfe, um Entscheidungen zu treffen. Wie viele Dinge, zu deren Kauf Sie überredet worden sind, wollten Sie wirklich nicht kaufen? Wahrscheinlich waren es nicht viele. Nur wenige Leute lassen sich zum Kauf von Dingen überreden, die sie wirklich nicht haben wollen. Wenn es sich um größere Investitionen handelt, ist es sogar schwierig, Interessenten zu einem Kauf zu bewegen, selbst wenn sie das Produkt wirklich haben wollen.

Ehrlich währt am längsten – besonders im Verkauf

Probleme kommen dann auf, wenn ein skrupelloser Verkäufer über sein Produkt und dessen Eigenschaften Lügen erzählt. Dadurch verletzt dieser Verkäufer das Vertrauen des Kunden, und der Kunde kauft etwas, das gar nicht das ist oder tut, was ihm darüber gesagt wurde. Wenn Sie Ihren Dienst am Kunden immer vor Ihren eigenen finanziellen Gewinn stellen, werden Sie immer an die Spitze kommen.

Ist der Abschluss gut für Ihren Interessenten?

Liegen Abschlussfragen, hypothetische Aussagen und Verkaufsgeschichten im Interesse des Kunden? Anhand meiner Erfahrungen kann ich diese Frage unzweideutig mit »Ja« beantworten. Ich habe viel verkauft, und ich habe dabei immer das Wohl des Kunden im Auge gehabt. Ich habe immer darauf geachtet, dass meine Kunden von mir nur die Wahrheit zu hören bekamen und sich auf einen exzellenten Service verlassen konnten.

Ich habe manchmal härter für einen Abschluss gekämpft als meine Kollegen oder Konkurrenten, einfach weil ich der festen Überzeugung war, dass es zum Besten meiner Kunden sein würde. Diese Einstellung schließt von vornherein aus, Leuten etwas zu verkaufen, das sie gar nicht haben wollen. Wenn ich jedoch sicher bin, dass »alles stimmt«, würde ich alles tun, um meinen Kunden zu helfen, über den Berg von Angst und Unentschlossenheit hinwegzukommen und sich für das jeweilige Produkt zu entscheiden.

Wenn Sie Ihre Kunden sorgfältig einschätzen, wissen Sie, ob der Kunde Ihr Produkt oder Ihre Dienstleistung wirklich brauchen kann. Wenn Sie sicher sind, dass das Leben dieser Kunden leichter und besser werden kann, wenn sie Ihr Produkt, Ihre Dienstleistung oder Ihre Idee kaufen, sollten Sie Ihr Bestes geben, um diese Kunden auch davon zu überzeugen.

Denken Sie an Ihre eigenen Erfahrungen: Haben Sie Profis geschätzt, die Ihnen bei Ihren Kaufentscheidungen geholfen haben? Haben Sie diese Verkäufer nicht gerne weiterempfohlen? Natürlich haben Sie das! Wir alle haben das. Um ein Spitzenverkäufer zu werden, sollten Sie sich zum Ziel setzen, jemand zu werden, den die Leute ohne zu zögern weiterempfehlen. Werden Sie jemand, den die Menschen gerne als Experten Ihres Fachgebietes heranziehen. Dann gewinnt jeder – Ihre Kunden und Sie.

Teil IV

Der Top-Ten-Teil

»Zuerst hat Harry Bowling-Kugeln verkauft und mich deshalb zum Bowlen mitgenommen. Dann hat er Golfschläger verkauft, und wir haben angefangen, Golf zu spielen. Jetzt verkauft er chirurgisches Besteck, und ehrlich gesagt habe ich seitdem keine Nacht mehr ruhig schlafen können.«

In diesem Teil ...

Dieser Teil gibt Ihnen noch einmal wichtige Ideen und Strategien für den Verkauf, die überzeugen. Er zeigt Ihnen Methoden von wahren Meisterverkäufern (und denen, die es werden wollen). Meister im Verkaufen sind auch Meister in der Nutzung ihrer Zeit. Müssen Sie auf einen Interessenten warten, können Sie dieses Kapitel lesen, um die Verkaufstrategien der Profis in Ihnen zu aktivieren.

9 Zehn Wege, nahezu jeden Verkauf abzuschließen

In diesem Kapitel

- Ihren Interessenten helfen, zu einer Entscheidung zu kommen
- Den Verkauf im Stil der Besten abschließen

Wenn Sie bereit sind, Ihre Verkaufsstrategien zu verfeinern, sollten Sie sich mit folgenden Abschlusstechniken befassen, die sich bewährt haben.

Der »Ich wünschte, ich hätte ...«-Abschluss

Wenn Sie sicher sind, dass Ihr Angebot für den Interessenten wirklich vorteilhaft ist und er im Prinzip schon zugestimmt hat, aber seine Entscheidung noch hinauszögert, passt diese »Ich wünschte, ich hätte ...«-Abschlusstechnik haargenau. Sie klingt harmlos, wirkt aber enorm.

Wir alle sind Mitglieder bei dem »Ich wünschte, ich hätte ...«-Club: Ich wünschte, ich hätte damals vor der Wende ein Haus in Berlin gekauft! Ich wünschte, ich hätte vor einigen Jahren Google-Aktien gekauft, dann wäre ich nämlich heute ein gemachter Mann! Ich wünschte, ich hätte damals die Gelegenheit beim Schopf gepackt! Und so weiter und so weiter. Wäre es nicht toll, wenn Sie wenigstens ein »Ich wünschte, ich hätte ...« dadurch loswerden, dass Sie sich jetzt für etwas entscheiden, was Sie wirklich haben wollen?

Der »Produktivitäts«-Abschluss

Beim Verkauf von Produkten oder Dienstleistungen an Unternehmen geht es unterm Strich immer um Geld: Ist die Gewinnsteigerung oder Kostenersparnis des Unternehmens größer als der Betrag, den es für das Produkt ausgeben muss? Wenn Ihr Produkt nicht augenfällig einer dieser beiden Kategorien zuzuordnen ist, können Sie dem Interessenten mit der »Produktivitäts«-Abschlusstechnik helfen, seine Entscheidung aus einer anderen Perspektive zu sehen – aus der Sicht einer stärkeren Motivation der Mitarbeiter.

Was ich Ihnen anbiete, ist nicht einfach nur ein Produkt (oder ein Service), sondern ein positiver Impuls für die Arbeitsmoral Ihrer Angestellten. Sie haben doch sicher schon festgestellt, dass Neuanschaffungen das Interesse Ihrer Mitarbeiter und die Begeisterung für ihre Arbeit steigern? Begeisterung ist gut für die Arbeitsmoral. Eine bessere Arbeitsmoral steigert die Produktivität; und was ist Ihnen eine höhere Produktivität wert?

Der »Die-besten-Dinge-im-Leben«-Abschluss

Jeder will für sich das Beste in seinem Leben. Jeder möchte das Gefühl haben, bei seinen Investitionen, größeren Käufen und Anschaffungen eine gute Wahl getroffen zu haben. Diese Abschlusstechnik lässt den Interessenten den Geld-Einwand vergessen und führt ihm die Vorteile stärker vor Augen, um die es beim Besitz des Produkts ja eigentlich geht.

Ist es nicht so, dass Sie in Ihrem Leben nur dann wirklich von einer Sache profitiert haben, wenn Sie »Ja« statt »Nein« gesagt haben? Sie haben »Ja« zu Ihrer Ehe gesagt. Oder: *Und man kann sehen, wie glücklich Sie miteinander sind.* (aber nur, wenn es auch wirklich zutrifft). *Sie haben »Ja« zu Ihrem Beruf gesagt, zu Ihrem Haus und zu Ihrem Wagen – alles Entscheidungen, die offensichtlich richtig waren und die Ihnen bestimmt auch heute noch viel Freude machen. Sehen Sie, wenn Sie jetzt »Ja« zu mir sagen, sagen Sie das nicht zu mir, sondern Sie sagen »Ja« zu den Vorteilen, die wir Ihnen anbieten. Und das ist doch genau das, was Sie für sich und Ihre Familie wollen, oder?*

Der »Nein«-Abschluss

Wenn Sie eine tolle Präsentation geliefert haben, Ihr Interessent aber immer noch ablehnt, verlieren Sie nichts, wenn Sie ihm mit folgenden Sätzen ein wenig auf die Füße treten. **Anmerkung:** Diese Sätze müssen mit großem Ernst und der Situation angepasst vorgetragen werden.

Herr Löwe, es gibt viele Verkäufer auf dieser Welt, und alle sind davon überzeugt, dass ihre Angebote Ihnen zum Vorteil gereichen würden. Und alle können gute Gründe nennen, um Sie davon auch entsprechend zu überzeugen, oder? Natürlich ist es Ihr gutes Recht, allen diesen Verkäufern mit einem entschiedenen »Nein« zu begegnen, nicht wahr? Bei meiner Arbeit für das ABC-Unternehmen hat sich im Laufe der Jahre eine unumstößliche Wahrheit herauskristallisiert: Niemand kann »Nein« zu mir sagen. Er kann nur »Nein« zu sich selbst und seiner Zukunft sagen. Verraten Sie mir, wie ich ein solches »Nein« akzeptieren kann? Wenn Sie an meiner Stelle wären, würden Sie dann ein »Nein« zu etwas so Wichtigem akzeptieren?

Der »Misserfolgs«-Abschluss

Wenn Sie alles Menschenmögliche getan haben, aber der Kunde trotzdem nicht kaufen will, geben Sie sich geschlagen, packen Sie Ihre Unterlagen zusammen und bewegen Sie sich in Richtung Tür; wenden Sie dabei die »Misserfolgs«-Abschlusstechnik an. Häufig kommt dadurch das Gespräch wieder in Gang, und der Interessent sagt etwas, an das Sie anknüpfen können, um doch noch zu Ihrem »Ja« zu kommen.

Herr Löwe, bevor ich gehe, möchte ich mich entschuldigen, dass ich meine Aufgabe heute nicht erfüllt habe. Hätte ich mich nicht so ungeschickt angestellt, dann hätte ich die Dinge gesagt, die Sie vom Wert meines Produkts überzeugt hätten. Doch weil mir dies nicht gelungen ist, kommen Sie und Ihre Firma nicht in den Genuss der Vorteile unserer Produkte und unseres Service. Das tut mir wirklich leid, Herr Löwe. Ich glaube an mein Produkt und verdiene meinen Lebensunterhalt damit, Menschen zum Kauf dieser Produkte zu verhelfen. Damit ich denselben Fehler nicht noch einmal mache, könnten Sie mir sagen, was ich falsch gemacht habe?

Der »Liebe, alte Mutter«-Abschluss

Ich würde mich hüten, Ihnen beizubringen, etwas zu tun oder zu sagen, was schlichtweg gelogen ist. Wenn Sie also das nächste Mal mit Ihrer Mutter, Großmutter oder der Mutter eines anderen reden, fragen Sie sie doch einmal, ob sie schon einmal in einer Situation gewesen ist, in der Schweigen Zustimmung ausgedrückt hat. Wenn sie sich an eine solche Situation erinnern kann, dann bitten Sie sie, Ihnen diese Situation und den Wortlaut zu schildern. Danach können Sie das in Ihre Abschluss-Strategie mit einbauen. Wenn Ihre Verwandten oder Bekannten so eine Situation noch nicht erlebt haben, reden Sie einmal mit ihnen darüber, ob sie sich denn eine solche Situation vorstellen könnten.

So knacken Sie das Schweigen

Diese Technik kann Ihr Rettungsring werden, wenn Sie mit einem Kunden verhandeln und immer wieder Phasen des gespannten Schweigens eintreten.

Wenn Sie in einer solchen Situation die Spannung, die durch das Schweigen entsteht, geschickt brechen können, wird sich der Druck in gute Laune verwandeln – manchmal sogar in ein explosives Lachen. Viele Leute können Druck ertragen, aber durch Lachen öffnen sie sich. Wenn also die Spannung nach Ihrem letzten Satz fast greifbar wird, setzen Sie Ihr breitestes Lächeln auf und sagen: *»Meine gute alte Großmutter pflegte zu sagen: »Schweigen bedeutet Zustimmung.« Hatte sie recht?«*

Der »Zehn-Mal-Mehr«-Abschluss

Diese Abschlusstechnik funktioniert besonders gut bei nicht greifbaren Sachen, wie etwa finanziellen Dienstleistungen, Versicherungen oder Fortbildungen. Sie funktioniert auch bei großen Projekten, wie etwa Immobilien oder Aktien – Dinge, deren finanzieller Wert entscheidend ist. Wenn Ihr Kunde nicht gerade zu den »Ich wünschte, ich hätte ...«-Leuten gehört, hat er sicher schon Dinge erworben, die ihm teuer sind. Sprechen Sie ihn so an:

Herr Löwe, im Laufe der Jahre hat sich bei mir eine Methode bewährt, um den Wert einer Sache einzuschätzen. Ich nenne Sie die »Zehn-Mal-Mehr-Testfrage«. Sicher haben Sie schon viel Geld in Ihr Haus, Ihren Wagen, Ihre Kleidung, in Schmuck oder andere Dinge investiert, an denen Sie Spaß hatten. Doch Sie wissen: Einschätzungen ändern sich. Konnten Sie, nachdem Sie diese Dinge eine Weile besaßen, die folgende Frage positiv beantworten: »Wäre ich bereit, zehn Mal mehr dafür zu bezahlen, als ich bezahlt habe?« Anders ausgedrückt: Hat Ihnen die Anschaffung wirklich so viel Freude, Vorteile oder auch Gewinn eingebracht?

Wenn Sie schon einmal für einen Rat bezahlen mussten, der sich als sehr positiv für Ihre Gesundheit erwiesen hat, war dieser Rat wahrscheinlich sehr viel mehr wert als das, was Sie dafür bezahlen mussten. Wenn Sie durch irgendeine Information Ihrem Leben eine entscheidend andere Richtung geben oder Ihr Einkommen oder Ihre Lebensumstände verbessern konnten, war auch dies sicher mehr wert, als es gekostet hat.

Viele Dinge in unserem Leben sind viel mehr wert, als sie gekostet haben, und für die wir gerne bereit wären, heute auch das Zehnfache zu bezahlen.

Lassen Sie uns einen Blick in die Zukunft werfen, Herr Löwe. Was glauben Sie, wird die heutige Investition in zehn Jahren für Sie mehr oder weniger wert, als Sie heute investieren?

Der »Käufer-Gewissensbiss«-Abschluss

Nach größeren Entscheidungen machen sich viele Menschen auch Gedanken, wenn der Vertrag längst unterzeichnet ist. Deshalb enthalten viele Verträge eine Klausel, die es dem Kunden erlaubt, seine Entscheidung innerhalb eines bestimmten Zeitraums zu widerrufen. Profis wissen dies. Bevor sie einen Kunden nach einem Abschluss verlassen, greifen sie diese Tatsache mit folgenden Worten auf:

Herr Löwe, ich bin sicher, Sie haben eine gute und richtige Entscheidung getroffen; Sie sind jetzt sicher ein bisschen aufgeregt und andererseits auch erleichtert. Doch gelegentlich ist es mir passiert, dass ein Kunde von seiner Entscheidung nur so lange überzeugt war, bis er mit Freunden oder Verwandten darüber gesprochen hatte. Diese wohlmeinenden Verwandten oder Freunde, die die Fakten nicht genau kennen und vielleicht sogar ein bisschen neidisch sind, ließen den Kunden seine Entscheidung wieder anzweifeln. Lassen Sie das nicht geschehen, Herr Löwe. Wenn Sie glauben, Sie könnten Ihre Meinung ändern, dann sagen Sie mir das bitte jetzt.

Der »Das-ist-im-Budget-nicht-drin«-Abschluss

Geschäftsleute benutzen diesen Standardsatz gerne, um mittelmäßige Verkäufer loszuwerden. Warum? Weil es bei mittelmäßigen Verkäufern auch *funktioniert*. Professionelle Verkäufer sind aber selbst Geschäftsleute und wissen, wie man mit einem Budget umgeht. Sie wissen auch, dass ein Budget nur ein Werkzeug und keine unumstößliche Größe ist.

Wenn eine Investition genügend Vorteile verspricht, finden die meisten Unternehmen Wege, das Budget entsprechend anzupassen oder den Kauf auf andere Weise zu ermöglichen. Folgende Aussage wird einen Geschäftsinhaber oft dazu bringen, Ihnen die wahren Gründe zu nennen, die gegen ein Geschäft mit Ihnen sprechen, Sie können dann seine eigentlichen Einwände behandeln.

Ich verstehe das sehr gut, Herr Löwe. Deswegen habe ich Sie überhaupt aufgesucht. Natürlich muss ein Unternehmen seine finanziellen Transaktionen strikt kontrollieren und die Richtlinien des Budgets beachten. Schließlich entscheidet das Budget eines Unternehmens zu einem erheblichen Teil darüber, ob die Unternehmensziele erreicht werden oder nicht. Aber ein Budget ist nur ein Werkzeug. Es entscheidet nicht darüber, wie ein Unternehmen geführt wird. Deshalb muss es flexibel sein. Als Controller sind Sie für das Budget verantwortlich und haben doch sicher das Recht, es im Interesse der Finanzen und der künftigen Konkurrenzfähigkeit Ihrer Firma bestmöglich anzupassen, oder etwa nicht? Sie haben heute eine Methode kennengelernt, die Ihrer Firma sofort einen nachhaltigen Wettbewerbsvorteil verschafft. Wenn Sie dies berücksichtigen, sollte Ihr Budget entsprechend flexibel sein, oder soll es Ihre Entscheidungen diktieren?

Der »Sie-sind-nicht-gut-genug«-Abschluss

Einige wollen sich nur deshalb nicht jetzt entscheiden, weil sie meinen, sie könnten diese Entscheidung ja auch noch zu irgendeinem anderen Zeitpunkt treffen. Im Prinzip wäre dies richtig, wenn Ihr Angebot in unbegrenzter Menge zur Verfügung stünde. Es ist jedoch menschlich, dass niemand möchte, dass man ihn einer Sache nicht für wert hält. Als Kind konnten Sie gut Fußball spielen, waren aber nicht sonderlich daran interessiert. Doch wenn dann jemand behauptete, Sie wären nicht gut genug für die Mannschaft, wollten Sie auf einmal nichts sehnlicher, als in diese Mannschaft zu kommen.

Lassen Sie durchblicken, dass Sie erst noch prüfen müssen, ob der Kunde für Ihr Angebot überhaupt infrage kommt und dafür ausreichend »qualifiziert« ist. Möglicherweise will er es dann unbedingt haben. Das funktioniert besonders gut bei Produkten wie Finanzangeboten oder Versicherungen, bei denen der Kunde zuerst einmal seinen Gesundheitszustand offenlegen muss.

Lernen Sie aus jeder Verkaufssituation

Auch wenn ich Ihnen hiermit einige gute Abschlusstechniken an die Hand gegeben habe, können Sie die besten immer noch selbst entwickeln, wenn Sie aus Verkaufssituationen lernen.

Sie werden überrascht sein, auf wie viele unerwartete Verkaufssituationen Sie stoßen, wenn Sie Augen und Ohren offenhalten. Sie werden nicht nur auf wirkliche Verkaufssituationen aufmerksam werden, sondern auch die verschiedenen Verkaufstechniken, die Ihnen ständig in Ihrem Umfeld und Ihrem Alltag begegnen, kritisch begutachten. Wenn Ihnen ein Könner etwas verkauft, analysieren Sie, was Sie beeindruckt und überzeugt.

Vielleicht treffen Sie auf einen Verkäufer, der eine bekannte Verkaufstechnik mit einem ganz persönlichen Dreh anwendet – und werden erstaunt erkennen, dass eine Technik, von der Sie immer gedacht haben, sie würde bei Ihnen nicht funktionieren, sehr wohl funktionieren könnte, wenn Sie ihr Ihren persönlichen Stempel aufdrücken können. In vielen Verkaufssituationen ist Kreativität gefragt.

Wenn Sie am besten aus Erfahrung lernen, sollten Sie eher aus den Fehlern anderer als aus den eigenen lernen, oder? Deren Verlust wird Ihr Gewinn. Und natürlich können Sie auch aus der Beobachtung von Misserfolgen Erkenntnisse gewinnen, die sich positiv auf Ihre Verkaufskarriere auswirken. Manchmal sind gescheiterte Verkäufe sogar lehrreicher als einfach und reibungslos ablaufende Verkäufe.

Die zehn größten Verkaufsfehler 10

In diesem Kapitel

- ✔ Die Fehler Ihrer Vorgänger vermeiden
- ✔ Einen Weg finden, Ihren Kunden besser zu dienen

Jeder macht Fehler. Sie sollten damit *rechnen*, einige Fehler zu machen, wenn Sie etwas Neues versuchen. In diesem Kapitel lernen Sie die zehn häufigsten Fehler beim Verkaufen kennen, damit Sie (hoffentlich) einige vermeiden können. Die Liste ist das Ergebnis der Erfahrungen Ihrer zahlreichen Vorgänger im Verkaufsgeschäft.

Das Wesen des Verkaufens nicht verstehen

Die meisten Firmen haben nur durch ihre Verkäufer Kontakt zur Außenwelt – und der einzige Grund für ihre Existenz besteht darin, die Produkte oder Dienste des Unternehmens zu verkaufen. Das Verkaufen erfolgt durch professionelle Sammlung und Kommunikation von Informationen. Ihre Kommunikationsfähigkeiten helfen Ihren Interessenten, Kaufentscheidungen zu treffen – hoffentlich in Ihrem Sinne.

Die folgende Feststellung mag etwas banal klingen; aber wenn Sie ein beliebiges kleineres Unternehmen besuchen, werden Sie Schwierigkeiten haben, jemanden zu finden, der Ihnen etwas über den Verkaufsstil des Hauses oder gar dessen Verbesserung erzählen kann. Wahrscheinlich kann man nicht einmal den Idealkunden des Unternehmens beschreiben. Dabei kann man gar nicht genug darüber wissen, warum Kunden Ihre Produkte kaufen oder nicht – und dieses Wissen zu erwerben, ist eine Hauptfunktion des Verkaufens.

Eine professionelle Verkaufsschulung vermittelt keine Tipps und Ratschläge, wie man aggressiv und durchsetzungsfähig wird. Verkaufstrainer, die ihren Klienten ein solches Verhalten beibringen wollen, müssen als inkompetent betrachtet werden. Professionelle Verkäufer nehmen sich zurück, sind dienstorientiert und haben das Ziel, Beziehungen aufzubauen.

Erwarten, dass die Dinge von selber besser werden

Wenn Sie mit Ihrer Überzeugungskraft oder der Anzahl Ihrer Abschlüsse nicht zufrieden sind, *können* Sie sich verbessern. Das ist eine Tatsache. Zu wissen, dass man sich verbessern kann, und dann *nichts daran zu ändern*, ist einfach dumm.

Zu viel reden, zu wenig zuhören

Die meisten Leute nehmen an, um gut überzeugen zu können, müsse man ein guter Redner sein. Ein typischer »guter Redner« glaubt, er brauche den Leuten nur genug über das Produkt oder den Service zu erzählen, dann würden sie automatisch kaufen. Doch genau das Gegenteil ist richtig.

Ein guter Verkäufer gleicht einem guten Detektiv: Er stellt Fragen, er macht sich Notizen, er hört dem Kunden genau zu und achtet auf dessen Körpersprache.

Arbeiten Sie an Ihren Fähigkeiten

Verkaufsfähigkeiten sind nicht angeboren. Man muss sie lernen, und jeder kann sie sich mit ein wenig Mühe aneignen. Fangen Sie an, andere immer und überall bei ihrer Überzeugungsarbeit zu beobachten. Fragen Sie sich, warum einige Erfolg haben und andere nicht. Sie werden feststellen, dass es viel einfacher ist, die Gründe für die Misserfolge zu erkennen. Fehler und Unwissenheit eines Stümpers liegen meist auf der Hand. Aber geschulte und geschickte Verkäufer steuern ein Gespräch so sanft und unmerklich, dass es fast unmöglich ist, den Verkauf zu erkennen. Deshalb halten Sie diese Leute wahrscheinlich einfach für Naturtalente. Doch auch wenn bei ihnen alles so leicht aussieht, mussten sie die eigentliche Fähigkeit, andere zu überzeugen, genauso erwerben wie das Wissen über das Potenzial und die Grenzen ihres Produkts oder Dienstes.

Meistens wollen Leute, die viel reden, nur das ganze Gespräch dominieren und neigen schnell dazu, aggressiv zu werden oder Druck auszuüben. Dagegen vermittelt ein professionelles Verkaufstraining weniger Redetechniken, sondern Fragetechniken und Techniken des richtigen Zuhörens. Nicht das Reden, sondern die richtigen Fragen zu stellen, ist wichtig, um zum Verkaufsabschluss zu kommen. Ein Verkäufer, der gelernt hat, die richtigen Fragen zu stellen, *leitet* den Kunden auf den Weg zum Abschluss, aber er *drängelt* ihn nicht dorthin.

Wenn Sie ständig nur reden, erfahren Sie nur, was Sie ohnehin schon wissen.

Mit falschen Worten jede Verkaufschance zerstören

Bei einer Präsentation malen Sie mit Ihren Worten ein Bild. Mit einem falschen Wort können Sie wie mit einem falschen Pinselstrich das ganze gewünschte Porträt ruinieren.

Wie viele Präsentationen werden wohl täglich auf der ganzen Welt gehalten, um einen Abschluss zu erzielen, und wie viele scheitern, nur weil der Verkäufer mit seinen Worten die falschen Bilder in seinem Kunden erweckt?

Falsche Vorstellungen im Kunden wecken

Nehmen Sie an, ein Verkäufer wolle einem jungen Paar den Kauf eines älteren Hauses schmackhaft machen, macht dann aber einige Bemerkungen darüber, wie der Besitz dieses Hauses dazu beitragen könne, die Do-it-yourself-Fähigkeiten des Hausherrn zu entwickeln. Das junge Paar verfügt nicht über Do-it-yourself-Fähigkeiten und fürchtet plötzlich zusätzliche Kosten für den Unterhalt des Hauses.

Ein anderes einfaches Beispiel ist der »Vertrag«, den man »unterschreiben« muss, um ein Produkt zu erwerben. Beide Worte können negative Vorstellungen wecken. »Verträge« sind rechtlich bindend; der Ausdruck sollte Laien gegenüber vermieden werden, wenn diese nicht den Beistand eines Rechtanwalts haben. Ihre Eltern haben Sie immer davor gewarnt, etwas zu »unterschreiben«, ohne das Kleingedruckte gründlich zu lesen und zu verstehen.

Durch ihre falschen Worte wecken Verkäufer negative Bilder im Kopf ihrer Kunden, denen sie doch dienen wollen – und geben ihnen damit weitere Gründe, vom Kauf Abstand zu nehmen.

Den Zeitpunkt für den Abschluss nicht erkennen

Die meisten Kunden, die ein Geschäft wieder verlassen, ohne etwas gekauft zu haben, werden von ungeschulten Verkäufern gerne als Leute abgestempelt, die sich eben nur mal umschauen oder später wiederkommen wollten; diese Beschönigungen sollen aber nur die einfache Tatsache verschleiern, dass der Verkäufer nicht fähig war, diesen Interessenten zu einem Kauf zu bewegen. Dagegen betrachtet ein professioneller Verkäufer diese Leute als das, was sie für ihn wirklich sind: verpasste Verkaufschancen.

Fragen Sie den Käufer nach seiner Entscheidung, wenn er seine Kaufbereitschaft signalisiert. Kaufsignale sind beispielsweise weitere Fragen des Kunden oder Worte, die zeigen, dass er sich bereits als Besitzer des jeweiligen Artikels sieht. (»Also dieses Van-Gogh-Original wird in unserem Wohnzimmer traumhaft aussehen.«) Das Schlüsselwort, auf das Sie beim Kunden achten müssen, lautet »wird« im Gegensatz zu »würde« oder »könnte«. Weitere Kaufsignale sind Fragen nach Produktdetails, der Wunsch, die Bedienungsanleitung eines Gerätes zu sehen, oder Fragen nach der Finanzierung oder dem Preis. Wenn Sie solche Kaufsignale erkennen, ist das »Ja« ganz nah.

Die Abschlusstechnik nicht beherrschen

In den meisten Fällen müssen Sie nur fragen, um den Verkauf abzuschließen.

Wenn ein Kunde fragt: »Haben Sie das auch in Rot?« und Sie sagen: »Ich glaube, es ist auch in Rot da«, erreichen Sie damit nichts!

Warum fragen Sie nicht stattdessen:

> *Wenn es in Rot vorrätig ist, wollen Sie es dann sofort mitnehmen oder soll es Ihnen geliefert werden?*

Oder so:

> *Ich sehe schnell in unserer Farbauswahl nach. Übrigens, soll ich es als Geschenk verpacken?*

Anders ausgedrückt: Sie müssen Ihren Kunden in eine Situation manövrieren, wo er sich entscheiden muss, ob er das Produkt besitzen will.

Mangel an Aufrichtigkeit

Wenn Sie versuchen, jemanden von Ihrem Standpunkt zu überzeugen, etwa dazu, dass es vorteilhaft für ihn sei, Ihr Produkt zu besitzen oder Ihre Dienstleistung in Anspruch zu nehmen, müssen Sie ihn erst davon überzeugen, dass Sie sein Wohl und nicht Ihr eigenes im Auge haben.

Das Wichtigste beim professionellen Verkaufen ist der aufrichtige Wunsch, anderen zu dienen und ihnen zu helfen, etwas zu bekommen, was für sie wirklich nützlich ist. Ehrlichkeit und Integrität sind die

Schlüsselfaktoren für eine erfolgreiche Verkaufskarriere.

Dienst am Kunden statt Profitgier

Sie müssen die Eurozeichen aus Ihren Augen verbannen. Lassen Sie sich durch Ihre Gier nie daran hindern, das Richtige zu tun. Wenn Sie nicht ernsthaft glauben, dass Ihr Angebot für den Kunden vorteilhaft ist, und trotzdem weiter versuchen, ihn zu überzeugen, können zwei Dinge passieren:

- Der Kunde erkennt Ihre Unaufrichtigkeit, macht mit Ihnen natürlich kein Geschäft und erzählt vielen anderen Leuten von seinen unangenehmen Erfahrungen mit Ihnen. Über kurz oder lang zerstört dies Ihren guten Ruf.
- Wenn Sie ihn trotzdem überzeugen, und der verkaufte Artikel für den Kunden *nicht das Richtige* ist, sind Sie für ihn nichts weiter als ein Betrüger, und er wird große Anstrengungen unternehmen, damit Sie auch als solcher entlarvt werden.

Den Details nicht genügend Aufmerksamkeit widmen

Wenn Sie Details bei Ihrer Präsentation nur überfliegen und wichtige Details ignorieren, übersehen Sie wahrscheinlich auch mögliche Gewinnchancen für sich selbst. Verlorene oder verlegte Bestellungen, Briefe voller Tippfehler, verpasste Termine oder nicht eingehaltene Lieferfristen ruinieren Ihre Glaubwürdigkeit beim Kunden. Sie entfernen sich immer weiter von dem hohen Grad der Kompetenz, den professionelle Verkäufer vermitteln möchten.

Wenn Ihre Kunden nicht das Gefühl haben, dass Sie das Beste für sie tun, suchen sie jemanden, der genau das tut – vielleicht sogar ein unmittelbarer Kollege. Und das könnte ganz schön wehtun, oder?

Sich hängen lassen

Wenn Sie den Verlauf Ihrer täglichen Aufgaben, Ihrer Produktivität und Ihrer geglückten Präsentationen als Kurve darstellen müssten, wie würde diese aussehen? Sind Sie in der ersten Woche eines Monats ein wahrer Tiger, doch in der letzten nur noch ein Faultier?

Die Verkaufszyklen der meisten Verkäufer weisen gewisse Muster auf. Wenn Sie Ihre Muster sorgfältig beobachten, können Sie »Durchhängephasen« bereits erahnen, bevor sie wirklich eintreten, und vorbeugend etwas dagegen unternehmen, um Ihre Erfolgskurve auszubalancieren. Einen »Durchhänger« zu überwinden, fordert dagegen psychisch und physisch viel mehr Kraft. Warum sollten Sie sich eine solche Tortur zumuten, wenn Sie ihn von vornherein vermeiden können?

Keine Verbindung zum Kunden halten

Die meisten Kunden, die von Ihrem Produkt, Ihrer Dienstleistung oder Ihrer Idee zu einem Mitbewerber überwechseln, tun das deshalb, weil Sie nachlässig waren und jemand anders ihnen mehr Aufmerksamkeit widmet. Der andere hat sich mit Sicherheit in regelmäßigen Abständen um diese Kunden gekümmert. Jemand anders hat ihnen das Gefühl gegeben, wichtig zu sein.

Wenn es Sie doch nur ein paar Telefonanrufe oder E-Mails kostet, diese Kunden zu behalten, warum sind Sie dann so faul und lassen sie ziehen?

Alles, was Sie dazu tun müssen, ist, regelmäßig ein oder zwei kurze Anrufe zu tätigen, so in der Art: »Hallo, Herr Löwe, hier ist Thomas Schreiner von der Firma ABC. Ich wollte nur einmal nachfragen, ob Sie mit unserem Faxgerät immer noch zufrieden sind. Wenn alles in Ordnung ist, will ich Sie auch nicht länger aufhalten. Ich wollte mich nur kurz melden und mich auch nochmals für unsere guten Geschäftsbeziehungen bedanken.«

Diese Sätze zu sprechen, dauert zwölf Sekunden. Sind es zwölf Sekunden nicht wert, einen Kunden zu behalten?

Das Glaubensbekenntnis des Könners

Um eine positive Einstellung zu bewahren, wenn alles schiefgeht, sollten Sie sich das »Glaubensbekenntnis des Könners« vorsagen.

Ich haben meine Trainees schon vor Jahren als »Könner« bezeichnet, weil sie diesen Status in ihren Verkaufskarrieren erreichen wollten und deswegen meine Seminare besuchten, um meine Techniken zu lernen, mit denen ich meine Verkaufserfolge erzielt hatte. Dieses Glaubensbekenntnis wurde für sie geschrieben, und weil Sie jetzt das gleiche Ziel anstreben, funktioniert es auch für Sie. Es lautet:

> *Ich werde nicht danach beurteilt, wie oft ich scheitere, sondern wie oft ich Erfolg habe. Und die Anzahl meiner Erfolge steht in direkter Relation dazu, wie oft ich scheitere, aber trotzdem weitermache.*

Dies ist eine tiefe Wahrheit. Wenn Sie sich mit Hilfe Ihres Erfolgstagebuches und Ihrer Erfolgsrekorde auf Ihre Erfolge besinnen, wird es Ihnen leichter fallen, sich von Misserfolgen schnell zu erholen.

Stichwortverzeichnis

J

K

L

M

N

P

R

S

U

V

W